“十三五”普通高等教育本科部委级规划教材

产品设计手绘效果图

CHANPIN SHEJI SHOUHUI XIAOGUOTU

任成元 | 编著

中国纺织出版社有限公司

图书在版编目（CIP）数据

产品设计手绘效果图 / 任成元编著 . -- 北京：中国纺织出版社有限公司，2020.8

“十三五”普通高等教育本科部委级规划教材

ISBN 978-7-5180-7321-4

Ⅰ. ①产… Ⅱ. ①任… Ⅲ. ①产品设计—绘画技法—高等学校—教材 Ⅳ. ①TB472

中国版本图书馆 CIP 数据核字（2020）第 062912 号

策划编辑：胡　姣　　　责任校对：王蕙莹　　　责任印制：王艳丽

中国纺织出版社有限公司出版发行
地址：北京市朝阳区百子湾东里 A407 号楼　邮政编码：100124
销售电话：010—67004422　传真：010—87155801
http：//www.c-textilep.com
中国纺织出版社天猫旗舰店
官方微博 http：//weibo.com/2119887771
北京华联印刷有限公司印刷　各地新华书店经销
2020 年 8 月第 1 版第 1 次印刷
开本：889 × 1194　1/16　印张：8
字数：96 千字　定价：58.00 元

凡购本书，如有缺页、倒页、脱页，由本社图书营销中心调换

前言

设计师将自己研究的关于产品的设计思维、语言以及材料、工艺、人机工程原理等理性知识，通过手绘的“视觉符号形象”载体表达出来，以实现与生产制造者和消费者之间的交流，这种“视觉符号形象”载体就是产品的设计图纸，也就是产品设计手绘效果图。它既是一种语义，表达设计构思，传递设计的信息，又是一座桥梁，可以交流设计方案并以此提供评价与决策依据。产品设计手绘效果图表达是设计专业中的重中之重。怎么表达、怎样熟练运用表现技法就是效果图教与学的灵魂。本书中作品包括从草图到产品的实现过程，很实用地讲述了作为产品设计师在设计过程中与市场沟通的经验、与消费者交流的设计心得，对产品设计师根据自身特点，掌握技法，创作出更多、更好的作品具有一定的参考价值。

培养产品设计师的表现技法能力与创作思维能力是本书内容的核心。产品设计手绘效果图直接关系到设计者的思维方向、思维展示，也直接关系到消费者的理解和共鸣。绘图过程，也是灵感的绽放过程，通过眼、脑、手三位一体的协作与配合，从而达到对产品造型、空间的直观感受能力、分析能力、审美判断能力和准确描绘能力的训练。本书内容讲解了效果图的目的、手绘技法、设计创作时手绘与创意思维突破的关系、手绘表达的形式与效果、规律等，并结合各种产品形态特征、材料特征、工艺特征等系统地解析了整个绘图过程、表现方法。文中还通过实践案例、草图表现形式、快速表现方法、综合表现等图文并茂地针对性讲解，使读者会学会用，由此及彼，举一反三进行自我创作。本书内容通俗易懂，完整介绍了产品设计手绘效果图的整体系统及表现技法，含概述、透视、起稿、光影、技法、形式、质感、实践等内容，希望本书的出版能有效地激发设计师的创作潜能。

感谢高蕊、杨洋、李尚、杨英珊、何玉霜、张建以及帮助完成本教材的每一位朋友。不足之处，请广大同行及读者批评指正。

2020 年 5 月于天津工业大学艺术学院

目　录

第一章 概述

第一节　产品设计手绘效果图的概念

产品设计手绘效果图是设计师完整地表达设计思想最直接、有效的载体，是设计师凭借其扎实的美术功底和丰富的艺术创造力而绘制完成的。在产品设计过程中，设计师通过效果图与团队成员、消费者和生产制造者之间进行交流，以此提供评价与决策依据。

这种表达方式主观性强，工具使用自由，尽显笔触魅力，画面生动灵活，既能体现设计师的思维能力、归纳能力及绘画能力，又能够体现产品的形态和材质。

产品设计手绘效果图不仅是产品效果的重要表现形式，同时也是产品设计创意表达的重要途径之一。它既承载着设计师的设计理念和设计思路，又是产品设计的最终表现形式，对产品的实现起到了至关重要的作用。

第二节　目的与意义

产品设计是根据市场需求进行的预想开发设计，从产品的形态、色彩、材料、结构等各方面进行综合设计，使产品既具有使用功能又具有审美功能，满足消费者物质和精神的双重需求。好的产品设计能够达到人—产品—环境三方面的完美协调。

手绘是收集设计资料的好方法，能够培养设计师对市场敏锐的洞察力，它与照相机和一些书籍有很大的区别。设计师可以以手绘的形式随时记下不同产品的形态、材质、色彩或是局部细节，有时也可以加以文字说明，将这样的资料整理成册就可以形成庞大的素材库，做设计时就能拓展思路，得心应手。在进行手绘的过程中，设计师通过对形态、色彩的感受并重新塑造形象，可以全方位地提高自己的观察能力、感受能力、造型能力、审美能力以及创造性思维能力。在绘制过程中，需将脑、手、眼三者结合在一起，脑中想到什么，手上能画什么，眼睛看到的形象又反馈到脑中，大脑再反复思维，将可视形象不断完善。因此，要想随心所欲地表达设计意图，必须具备快速造型的能力，把眼睛看到的形象准确、快速地记录下来。平时的手稿练习非常有必要，不仅可以提高自己快速造型的能力，而且还可以更好地熟悉、分析、理解结构的形态。

手绘效果图是快速地记录和表现设计者的设计思路的一种手段，效果图的最终目的不仅是体现画面的表现力，还要更好地体现出设计师的创意和设计理念。手绘效果图的表达的灵活性能够更机动地表达设计师的设计意图。手绘是将设计构思转化为现实图形的有效手段，一般使用铅笔、钢笔、针管笔、马克笔等简单的绘图工具徒手绘制，是一种广泛寻求未来设计方案可行性的有效方法，也是对产品设计师在产品造型设计中的思维过程的再现。它可以帮助设计师迅速捕捉头脑中的设计灵感和思维路径，并把它转化成形态符号记录下来。

在产品设计初期，我们头脑中的设计构思是模糊的、零碎的、稍纵即逝的，当我们在某一瞬间产生了设计灵感，就必须马上在较短的时间内，尽量用简洁、清晰的线条通过手中的笔表现出来，快速记录下这些既不规则又不完美的形态。这个过程的手绘相对比较随意，可能是潦草的小构图，或是些只能自己看懂的图解示意。待构思设计阶段完成后，再返回来修改这些未经梳理的方案。淘汰其中不可行的部分，把有价值的方案继续修改完善，直到自己满意为止。那些混乱的不规则的形态虽然不能直接形成完美的设计，但它们可以牵动设计师的联想，使设计师的思维不会固定于某一具体形态，这样就很容易产生新的形态和创意。

通过手绘效果图的训练，可以更好地提高设计师的审美能力、敏捷的思维能力、快速的表达能力、丰富的立体想象能力。设计师从构思草图中挑选出来的图纸可以继续深入可行的设计方案。完善的手绘设计作品效果图往往建立在具有严格的造型艺术训练的基础上，它需要很好地表现出产品造型上的寓意、色彩的搭配、结构的连接方式、材料等细节，还能体现出设计师的文化修养以及对表现工具的灵活运用。手绘表现具有多样性和随意性，通过手绘表现可以培养设计师的个人风格，提升其自身素质。手绘也是表达设计师个人美学修养和美学追求的一种方式。

在产品设计的过程中，产品的整体功能布局、框架结构以及美学与人机工程学方面的可行性等，往往需要与企业决策层的领导和机械、电器、结构设计工程师，以及企业中的生产、市场销售等与产品开发相关的各部门人员进行反复的交流和沟通，设计师通过手绘来表达自己的想法，与产品开发相关人员共同评价方案的可行性，以达成初步的设计意图，进一步完善自己的设计。在与相关成员交流推敲设计方案时，手绘图纸快捷直观的表现形式将个人的想法迅速提供给团队，以利于团队之间交流彼此的设计思路。手绘图稿能够将产品造型的局部结构、装配关系、操作方式、形体过渡等设计的主要内容表现出来，有利于后期设计作品的实现。因此，手绘效果图具有计算机绘制效果图所不具备的灵活性、艺术性和快捷性。

总之，手绘效果图是产品造型设计学生及相关人员所必须具备的基本技能，是学习产品设计的基础，也是进行产品设计创意过程的载体，它能在瞬间展现出设计师的艺术修养、绘画功底以及独特的思维。手绘所具有的直观、快捷、真实、艺术等特性，使其在设计表达上享有独特的地位和价值，还有助于提高设计师的想象能力和整体协调感。只有通过手绘设计造型的严格训练，才能全面提高设计师的创造力，并使设计师奠定好扎实的造型基础和良好的艺术修养（图 1-1 ~ 图 1-4）。

图 1-1　手绘跑车　学生作品

图 1-2　手绘耳麦　学生作品

图 1-3　手绘榨汁机　学生作品

图 1-4　手绘吸尘器　学生作品

第三节　常用工具

产品手绘效果图表现形式比较灵活，运用不同的工具和材料，可以表现不同的材质和效果，常用的工具主要有以下几种。

一、纸张

根据表现效果的需要，一般用打印纸、素描纸、硫酸纸、色卡纸等进行绘制。

打印纸：要注意纸的厚度、密度、挺度以及表面光度。纸的厚度通常是以每平方米的重量（克）来表示，一般常用的普通打印纸的厚度规格为 70～80 克 / 平方米。纸的密度是指纸的纤维的疏密和粗细的程度。纸的挺度是指纸的质地坚挺程度。纸的表面光度是指纸表面的光亮程度，纸面颜色通常为白色，不是灰暗色。

素描纸：纸质有一定的厚度，质硬，表面有肌理感，适合表现铅笔画的质感和层次。

硫酸纸：又称制版硫酸转印纸，主要用于印刷制版业，具有纸质纯净、强度高、透明度好、不变形、耐晒、耐高温、抗老化等特点，广泛适用于手工描绘。

色卡纸：每平方米重约 120 克以上的纸，多用于明信片、卡片、画册衬纸等。纸面较细致平滑，坚挺耐磨，并具有不同的颜色，用来绘制产品效果图，可达到不一样的画面效果。

二、笔

手绘效果图的笔一般不受限，如铅笔、钢笔、针管笔、水性笔、彩色铅笔、马克笔、色粉笔、高光笔、水粉笔、毛笔等都可用来表现。

铅笔：铅笔铅芯的硬度标志，一般用“H”表示硬质铅笔，“B”表示软质铅笔，“HB”表示软硬适中的铅笔，“F”表示硬度在 HB 和 H 之间的铅笔。铅笔由软至硬排列为 9B、8B、7B、6B、5B、4B、3B、2B、B、HB、F、H、2H、3H、4H、5H、6H、7H、8H、9H、10H 等（图 1–5）。

钢笔：钢笔是人们普遍使用的书写工具，发明于 19 世纪初。笔头由金属制成，书写起来圆滑而有弹性，相当流畅。钢笔分蘸水式和自来水式及墨囊式三种。钢笔笔尖，可以说是钢笔的最关键的部分，粗细不同，表现效果也不一样，一般最常见的钢笔笔尖尺寸以 B（Broad 粗）、M（Medium 中粗）、FM（Fine-Medium 中细）、F（Fine 细）以及 EF（Extra-Fine 特细）为主，由粗到细表示为：B > M > F > EF（图 1-6）。

针管笔：针管笔是绘制图纸的基本工具之一，能绘制出均匀一致的线条。笔身是钢笔状，笔头是长约 2cm 中空钢制圆管，里面有一条活动细钢针，上下摆动针管笔时，能清除堵塞笔头的纸纤维（图 1-7）。

水性笔：以圆珠笔尖和免再吸墨水笔芯为主要特征。水性笔的主要溶剂是水，常见的水性笔有钢珠笔、签字笔和荧光笔等。水性笔较油性笔无味，笔尖不易干燥，书写液通过笔尖的缝隙，形成字迹（图 1-8）。

彩色铅笔：彩色铅笔是一种容易掌握的涂色工具，画出来的效果类似于铅笔。颜色多种多样，有单支系列（129 色）、12 色系列、24 色系列、36 色系列、48 色系列、72 色系列、96 色系列等。只要不是特别光滑的纸面，都能均匀着色，画面效果清新自然。彩色铅笔也分为两种，一种是水溶性彩色铅笔（可溶于水），另一种是不溶性彩色铅笔（不溶于水）。水溶性彩色铅笔又叫水彩色铅笔，它的笔芯能溶解于水。蘸水后，色彩会晕染开，实现水彩般透明的效果。水溶性彩色铅笔用法多样：在没有蘸水时和不溶性彩色铅笔效果一样，蘸水之后

图 1-5　铅笔

图 1-6　钢笔

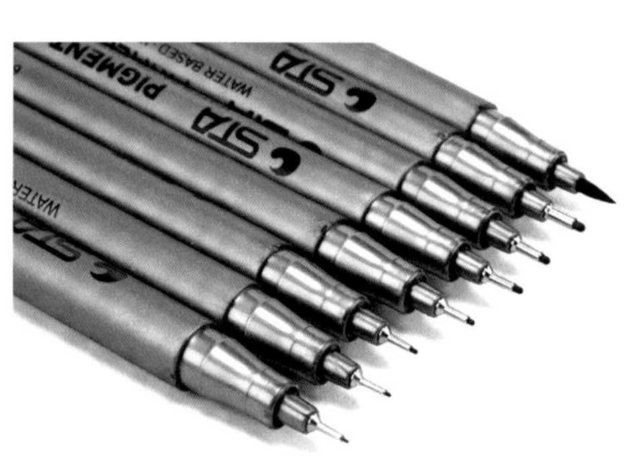

图 1-7　针管笔

图 1-8　水性笔

就会变成像水彩一样，颜色非常鲜艳亮丽，十分漂亮，而且色彩很柔和（图 1–9）。不溶性彩色铅笔可分为干性和油性，价格便宜，是绘画入门的最佳选择。画出来的效果较淡，简单清晰，大多可用橡皮擦去。还可通过颜色的叠加，呈现不同的画面效果，是一种较具表现力的绘画工具（图 1–10）。

马克笔：马克笔又名记号笔，是一种书写或绘画专用的绘图彩色笔，本身含有墨水，且通常附有笔盖，一般拥有坚软笔头。马克笔的颜料易挥发，适用于一次性的快速绘图，常用于设计物品、广告标语、海报绘制或其他美术创作等场合。可画出变化不大的、较粗的线条。马克笔也分水性和油性两种（图 1–11）。

图 1–9　水溶性彩色铅笔

图 1–10　不溶性彩色铅笔

图 1–11　各种马克笔

①油性马克笔，可在任何光滑的表面进行书写，具有速干、防水、环保等特点，可用于绘图、书写、记号、POP 广告等，颜色多次叠加不会伤纸，画面柔和。主要成分是染料、变性酒精、树脂，墨水具有挥发性，有一定的刺鼻味道。应于通风良好处使用，使用完需尽快盖紧笔帽，要远离火源并防止日晒。

②水性马克笔，颜色亮丽有透明感，但多次叠加颜色后会变灰，而且容易损伤纸面。如果用蘸水的笔再进行涂抹的话，效果跟水彩类似。

另外，马克笔的笔头分纤维型笔头和发泡型笔头两种。

①纤维型笔头的笔触硬朗、犀利，色彩均匀，高档笔头设计为多面，随着笔头的转动能画出不同宽度的笔触。适合空间体块的塑造，多用于建筑、室内、产品设计的手绘表达中。纤维型笔头又分普通头和高密度头两种，主要是书写分叉和不分叉的区别。

②发泡型笔头较纤维型笔头更宽，笔触柔和，色彩饱满，画出的色彩有颗粒状的质感。

色粉笔：色粉笔的颜色多种多样，创作时，其色彩能够简单地被画在纸上或画板上，整个过程完成得迅速、快捷。色粉画既有油画的厚重又有水彩画的灵动之感，且作画便捷，绘画效果独特（图 1-12）。

图 1-12　色粉笔

高光笔：高光笔是在设计创作中提高画面局部亮度的工具。笔的覆盖力强，在描绘水纹时尤为必要，适度地给予高光表现会使水纹生动、逼真起来。除此之外，高光笔还适用于玻璃、塑料、金属、木材、陶瓷等的质感的表现中。高光笔的构造原理类似于普通修正液，笔尖为一个内置弹性的塑料或者金属细针。一般有 0.7、1.0 和 2.0 三种规格，有金、银、白三种颜色，书写时使用微力向下按即可顺畅出水（图 1-13）。

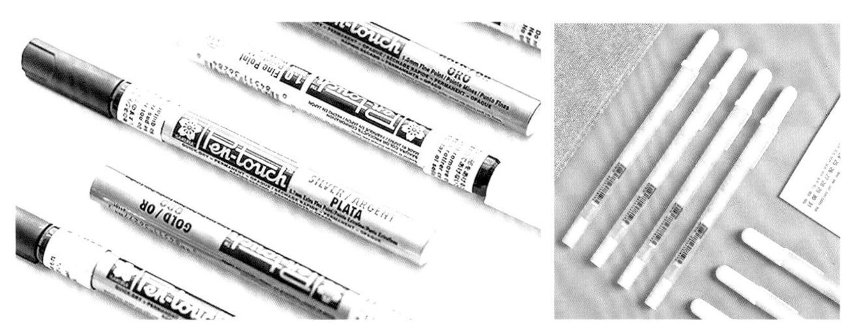

图 1-13　高光笔

水粉笔：水粉笔是用于画水粉画的一种重要使用工具，笔杆多为木、塑料或有机玻璃制成，笔头多为羊毛和化纤制成（图 1-14）。

毛笔：毛笔是中国传统书写工具，也是传统绘画工具，笔毛一般是用兽毛制成。一支好的毛笔应具有“尖、齐、圆、健”的特点。“尖”就是笔锋尖锐；“齐”就是修削整齐；“圆”就是笔头圆润；“健”就是毛笔弹性强，写出的字锐利、矫健（图 1-15）。

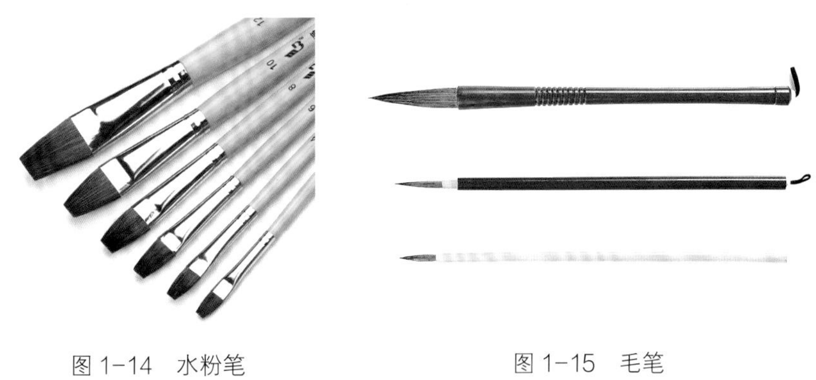

图 1-14　水粉笔　　图 1-15　毛笔

三、其他辅助工具

其他辅助工具如槽尺、蛇形尺、云尺、圆形模版等在手绘效果图中也很重要。

槽尺：槽尺也称界尺，市场上售卖的槽尺都有附赠的金属笔（用作支撑架），也可以自己手工制作，将两个直尺通过双面胶垂直黏合而成。在手绘效果图中，水粉画法和渲染效果以及画直线、曲线会用到槽尺（图 1-16）。

蛇形尺：又称蛇尺、自由曲线尺，绘图工具之一，是一种在可塑性很强的材料（一般为软橡胶）中间加进柔性金属芯条制成的软体尺，双面尺身，有点像加厚的皮尺、软尺。蛇形尺可根据需要弯曲成任何形状，并能固定住，利用蛇形尺能够绘出不太规则的光滑曲线（图 1-17）。

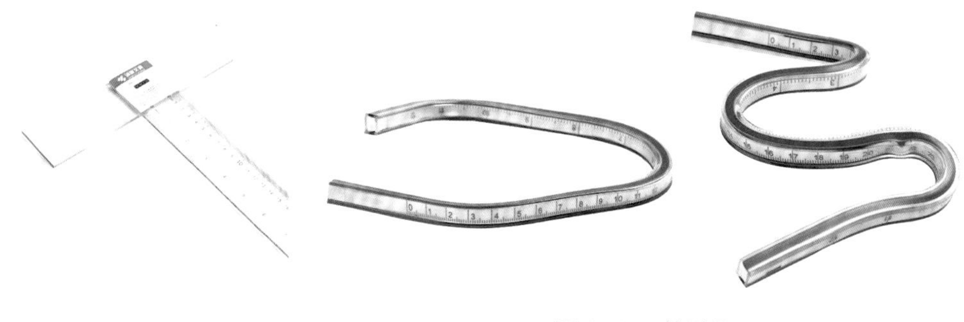

图 1-16　槽尺　　图 1-17　蛇形尺

云尺：云尺是绘制具有变曲率弧线（称作云规线）的基本工具，又称作云规，是一种专业的制图文具，在工程制图中用来绘制任意弧线的制图工具，多用于手绘制图中。云尺对工程制图人员来说极为熟悉，通常用于绘制工程图中的相贯线（曲线的相贯线）等，利用云尺可以绘制不同形状的云规线（图 1-18）。

圆形、椭圆形模板：是指一种呈圆形、椭圆形的模板，在制图时用来绘制圆形和椭圆形。椭圆形模板又可分为两类：一类模板上所有的椭圆形都具有相同的投影角度（例如 45°），只是主轴的长度不同；另一类模板则包含几个呈现不同角度的椭圆形，通常从 15°～60°，每 5° 递增，共有十种不同的角度（图 1-19）。

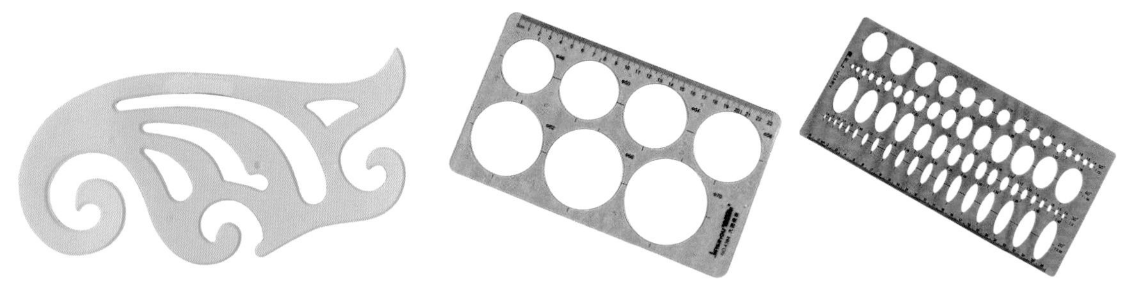

图 1-18　云尺　　图 1-19　圆形、椭圆形模板

思考与练习

1. 手绘在产品设计中的重要性。
2. 了解手绘工具及其性能。

第二章

产品造型知识

第一节　产品造型设计

在以消费者为导向的市场中，产品设计单纯地依赖科技从功能上进行产品创新已经不足以获得消费者的青睐，不同品牌的同类产品在功能、价格、质量等方面已经差异甚小。产品的同质化使产品之间的竞争日趋明显和激烈。例如，自从苹果公司的“iPhone”手机上市后，市面上的智能手机一夜之间都趋近于一个简约、轻薄的平板造型。可见产品设计已经不仅仅是功能的竞争，而更注重的是一种造型感官，也就是说，当同类产品的功能、技术同质化的时候，竞争手段就会转移到产品的外观造型上。简而言之，感官化的设计是设计的核心。好的作品在感官造型设计中吐露着“气”“神”“韵”“境”“味”的超越性。

造型设计是指利用形状、图案或者是结合色彩、形状及图案所做出的富有美感并能应用的形体新设计，是一个整体形象设计过程。随着人们生活品质的提高，越来越多的消费者注重产品的精神功能，而这种精神功能主要反映在产品造型设计上。产品造型设计服务于企业的整体形象设计，以产品设计为核心，围绕着人对产品的需求，更大限度地适合人的个体与社会的需求而获得普遍的认同感，以此改变人们的生活方式，提高生活质量和水平。

产品造型设计主要通过造型、色彩、表面装饰和材料的运用而赋予产品以新的形态和新的品质，是通过形、色、质三大元素给用户以美感影响的，并通过与产品相关的广告、包装、环境设计与市场策划等活动，实现技术与美学艺术和谐统一。产品的造型设计为实现企业的总体形象目标的细化，它是以产品设计为核心而展开的系统形象设计，对产品的设计、开发、原理、功能、构造、技术、材料、造型、色彩、加工工艺、生产设备、包装、运输、展示、营销手段、广告策略等进行一系列统一策划、统一设计，形成统一感官形象和统一社会形象，能够起到提升、塑造和传播企业形象的作用，使企业在经营信誉、品牌意识、经营谋略、销售服务、员工素质、企业文化等诸多方面显示企业的个性，强化企业的整体素质，造就品牌效应，赢利于激烈的市场竞争中。

产品造型设计必须满足用户的使用需求，形成技术解决方案。产品造型设计需要用理性的逻辑思维来引导感性的形象思维，以提供问题的解决方案为标准。产品造型设计的宗旨是由产品外在的物质态表达内在的精神态，即通过产品外观的造型形式语言表达出内在的功能、人文等价值。所以，在手绘效果图中，绘制的目的要围绕设计的目的而进行，将产品造型的块、面、形等体态特征表达出来，表达过程中要反映出设计思想、结构、工艺、品质等。因此，产品的外观造型设计便成为研究的重点。

图 2-1 的骑行头盔造型设计采用了流线型骨架构建，在表达过程中，主要体现出流线的轮廓与光影的变化关系，以突显造型设计的目的，彰显镂空元素的魅力和凹凸的力量感。

图 2-2 的蒸汽清洁机造型设计，采用了流线型圆润效果进行构建，在表达过程中，体现出了饱满的轮廓与光影的变化关系，彰显出小家电的亲和力。

图 2-3 的手持除螨仪造型设计彰显了曲线变化的构建效果，在表达过程中，重点突出手持的位置符号，以及线条的蜿蜒与光影的变化关系。

图 2-4 和图 2-5 为电吹风和电钻的造型设计，充分表达了产品的主要功能与人机工程学的符号特征，柔和的造型语素和刚劲的线条体现出产品的属性。小巧的外观造型和鲜艳的色彩效果表现出产品设计的生动情感。

图 2-1　手绘骑行头盔　任成元

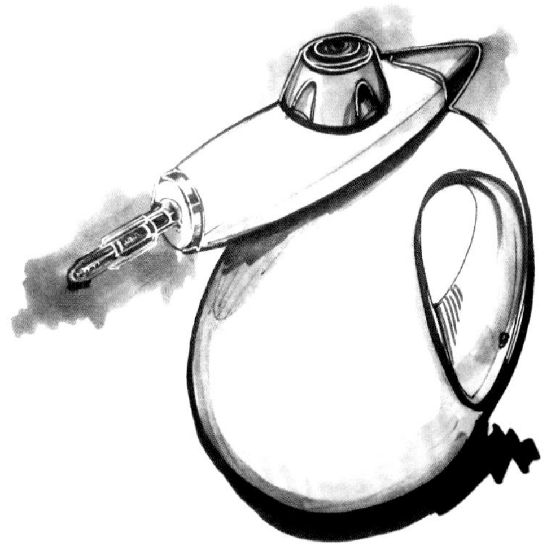

图 2-2　手绘蒸汽清洁机　学生作品

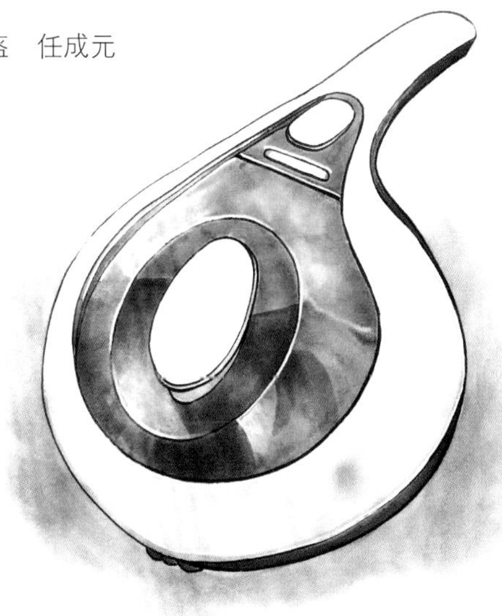

图 2-3　手绘手持除螨仪　学生作品

图 2-4　手绘电吹风　学生作品

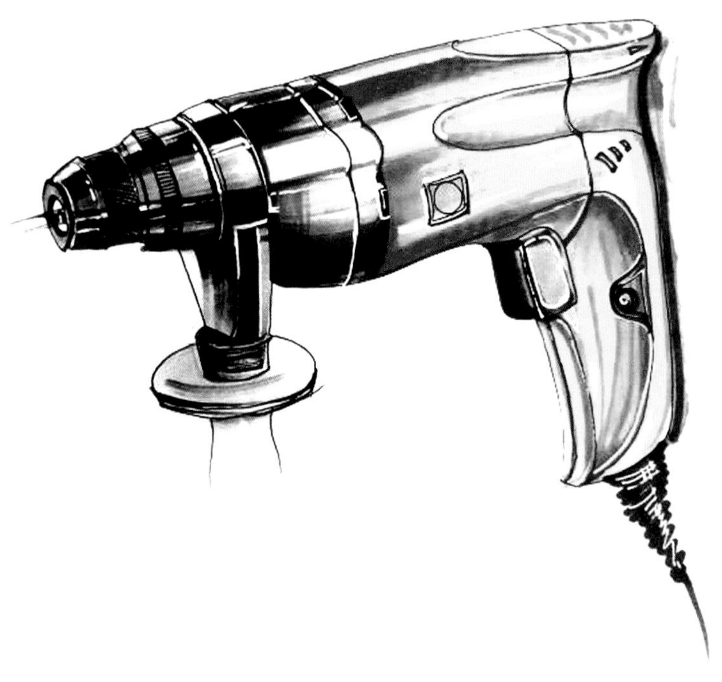

图 2-5　手绘电钻　学生作品

第二节　点、线、面、体

现代设计美学的熟练运用对专业的产品设计师来说非常重要，设计就是具有美感经验、使用功能的造型活动。对于产品设计师来说，设计就是用产品元素语言来沟通、说服的造型活动。当然，对造型美的感受能力是个起步，先要学会对“美”的感受，再熟悉对“美”的安排。

一般来说设计的要素，有三大部分：

第一，造型美的感受能力以及由此所开拓的技术。

第二，事、物、情的感受能力以及由此所开拓的技术。

第三，美感与诗意的结合能力及由此所开拓的技术。

现代设计运动开展了形而下的美学和实验美学的领域，后现代设计运动则开展了符号美学和文化美学的领域。因此，这些发展将美感的通则以三部分来讨论：造型美感的元素、造型美感的原则、跨越抽象美的原则（文化造型里的符号元素）。

造型美感元素包括形、点、线、面、体、空间、色、光以及质感、纹理与量感等。造型的原则就是如何有美感地安排造型元素，探讨造型元素的关系。

点、线、面、体作为产品设计最基本的造型元素，其本身就具有丰富的视觉表情，通过它们千变万化的组合所构成的空间形式能够给人们带来不同的感觉和体验。视觉设计中各种各样的形态，无论是自然形态还是几何形态，抽象造型还是具象造型，都是由点、线、面、体等要素构成的。

一、点的特征

具有点特征的造型形态具有视觉集中、突出特征的特点，可体现灵动、炫丽、夺目、细节之美。

（一）点的概念

点是基本的形态要素之一，是一切形态的基础，是造型设计中的重要内容，点的设计往往会起到“画龙点睛”的作用。点虽然小，却具有很强的美学表现冲击力。点有概念上的点和实际存在的点之分。概念上的点，也即几何学中的点，它只有位置，没有大小和形状之分，存在于意识之中；实际存在的点，即设计中的点，是相对存在的，是空间位置的视觉单位。在设计中，点具有张力，映射出一种扩张感，力的中心，具有细小、简洁、生动、有趣的特点，当一个点出现时，会产生突出与强调的作用，它能集中人的视线，形成视觉中心。

（二）点的视觉效果

1. 聚集性

聚集性是点的基本特性，任何一个点都可以成为视觉的中心，令人产生紧张感。因此，点在画面中具有张力作用，在心理上有一种扩张感。

2. 线性效果

同一平面上两个或两个以上的大小相等的点排列时，具有点之间成线的联想；且点之间的距离越近，被暗示的、视觉感知到的线越粗。

3. 相对性

造型中的点是将设计元素在设计观念和手法上排除掉固定大小和界限后的存在。在同一空间中所处的位置不同，所产生的视觉效果也是不同的。如果平面上两个点大小不等，会诱导人们的视线由大点向小点移动，从而产生强烈的运动感。

4. 多点排列

若相同大小的点不在一条直线上时，往往会产生面的视觉效果；不同大小的点排列在一条直线上，数量为奇数时，能形成视觉停歇点，在心理上产生稳定感，但点不宜太多，否则不易捕捉到视觉停歇点（图 2-6）。

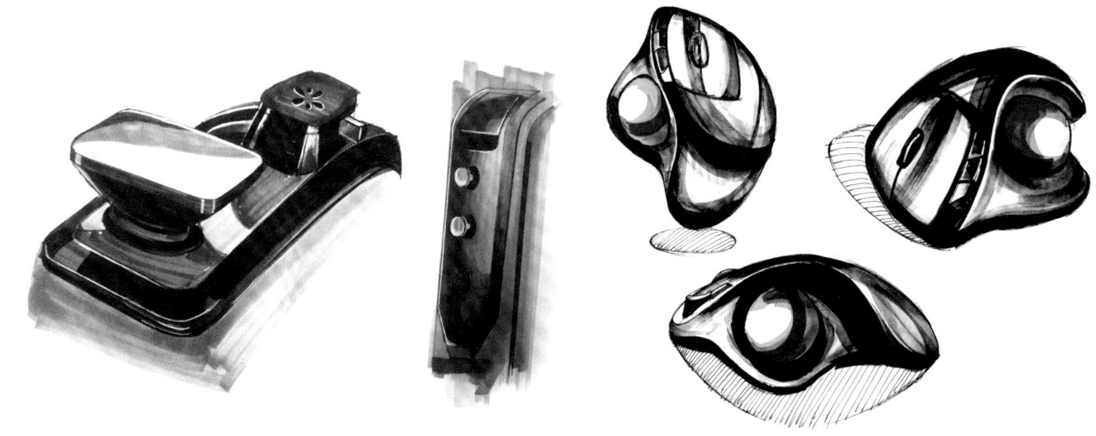

图 2-6　点的特征的运用　学生作品

二、线的特征

（一）线的概念

几何学上的线是点移动的轨迹，没有宽度和厚度，只有位置和长度，是一个抽象的空间概念。在造型艺术上，线的形态多种多样，有直线、曲线、曲折线、粗线、细线等，它带给设计无穷无尽的变化，在平面设计中发挥着重要的作用。线最显著的特征是方向性，不同形式的线有不同的感情作用。直线表示静；曲线表示动；曲折线有不安定的感觉；粗线表现力度、厚重、粗笨；线表现灵秀；锯状直线具有焦虑不安的感觉。其中，曲线在设计中的应用比较难把握，如在弯曲的富有力量感的舞蹈动作中，那种矛盾的力所产生的曲线能带给我们很多关于曲线特性的启示。线的变化性格，对于动、静的表现力最强，不同的方向线会给人不同的视觉感受。

线作为造型要素，在造型设计中，在平面上具有宽度，在空间上也具有粗细，但这都是相对存在的。在造型中，通常把长与宽之比相差悬殊者称为线，即线在人们的视觉中，有一定的基本比例，超越了这个范围就不视其为线而应为面了。另外，一连串的虚点亦可构成虚线。

（二）线的视觉效果

线条有长短、粗细、宽窄、动静、方向等空间特性。就线条本身而言，不同的线具有不同的视觉效果。

1. 直线

直线具有简单、严谨、坚硬、明快、正直、刚毅等造型特性。不同方向的直线所产生的视觉效果也不一样。

水平线：具有安详、静止、稳定、永久、松弛等视觉效果。

垂直线：具有严肃、庄重、硬直、高尚、雄伟、单纯等视觉效果。

斜线：具有不稳定、运动、飞跃、向上、前冲、倾倒等视觉效果。

2. 曲线

曲线具有温和、柔软、圆润、流动、优雅、轻松、愉快、弹力、运动等造型特性，多用于表现某种幽雅、丰满、运动的美感。曲线又分几何曲线和自由曲线两种。

几何曲线：指具有某种特定规律的曲线，给人以活泼、明快、高尚、理智、流畅、对称、含蓄的视觉效果。

自由曲线：不依照一定的规律自由绘制的曲线，具有自然伸展、圆润、弹性、柔软、流畅，奔放、丰富的视觉效果。

曲线特征的造型形态能给人以动感、力量、柔和、热情、活跃等心理感受；直线特征的造型形态能给人以稳重、理性、凝重、有力、冷静、坚定等心理感受（图 2-7 ~ 图 2-9）。

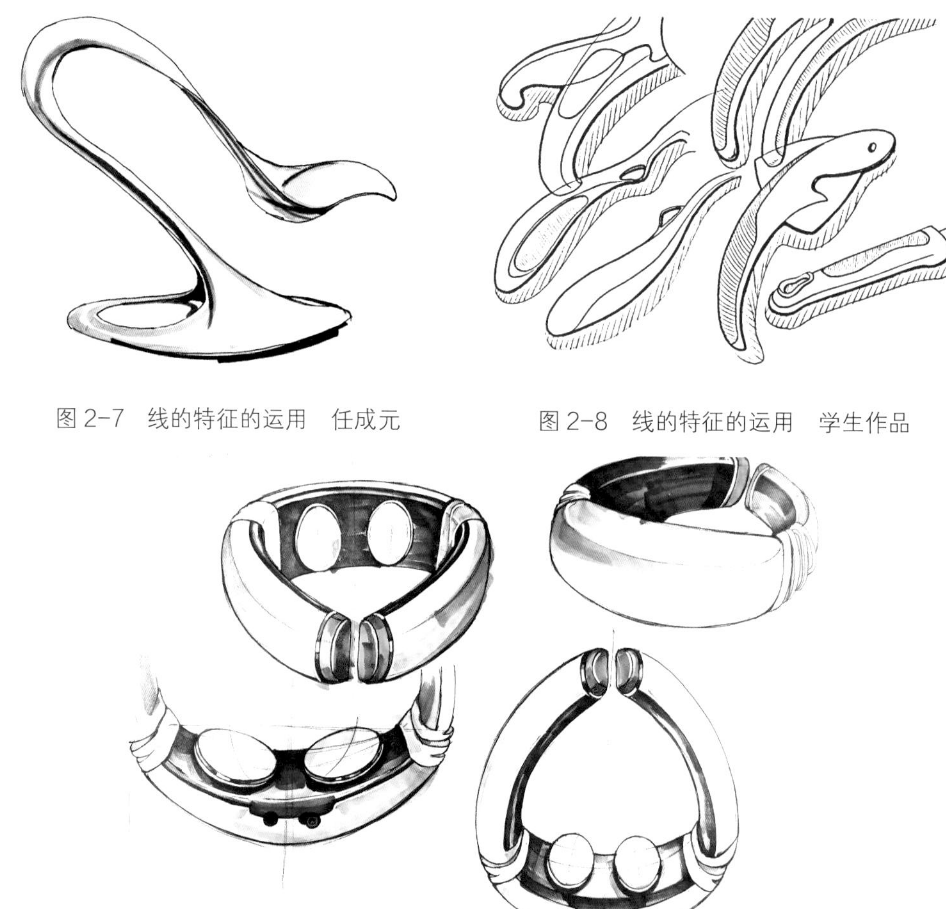

图 2-7　线的特征的运用　任成元

图 2-8　线的特征的运用　学生作品

图 2-9　线的特征的运用　学生作品

三、面的特征

（一）面的概念

在几何学中，面是线移动的轨迹，具有长度、宽度而无厚度。在造型设计中，主要是以板面或其他板状实体出现，由形面包围而成，线面混合而成。在造型中，面不仅有厚度，而且还有大小；由轮廓线包围且比点感觉更大，比“线”感觉更宽的形象称为“面”。由此可见，点、线、面之间没有绝对的界线，点扩大即为面，线加宽也可成为面，线旋转、移动、摆动等均可成为面。造型设计中的面可分为平面和曲面两类，所有的面在造型中均表现为不同的“形”（图 2-10～图 2-12）。

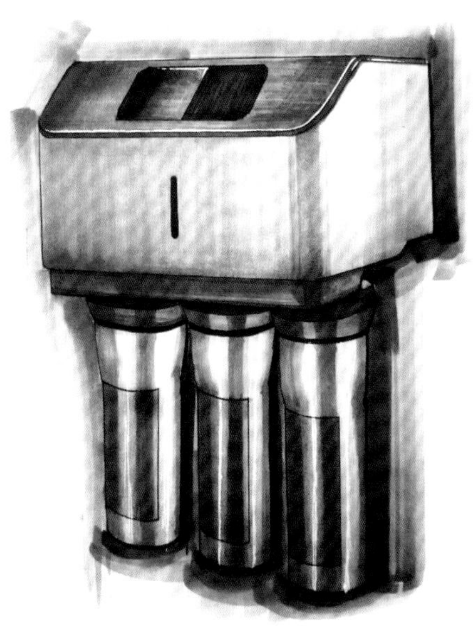

图 2-10　面的特征的运用　学生作品

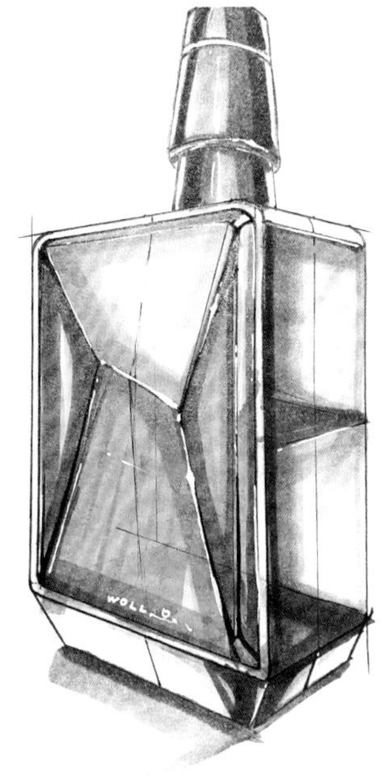

图 2-11　面的特征的运用　学生作品

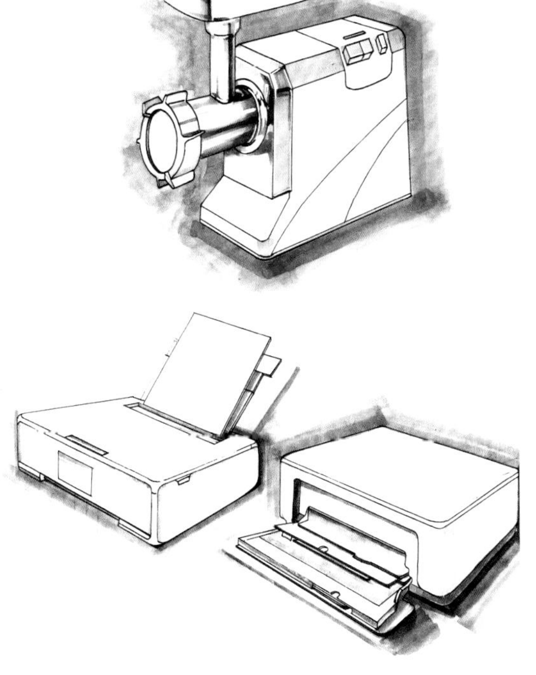

图 2-12　面的特征的运用　学生作品

（二）面（形）的视觉效果

不同的面（形）具有不同的视觉效果。

1. 几何形

几何形是由直线或曲线构成或两者结合构成的图形。直线所构成的几何形有明朗、秩序、端正、简洁、醒目、信号感强等视觉特征，但往往也具有呆板、单调之感；曲线所构成的几何形具有柔软、理性与秩序感等视觉特征。

正方形：具有稳健、大方、明确、严肃、单纯、安定、庄重、静止、规矩、朴实、端正、整齐的视觉效果。

矩形：水平方向的矩形稳定、规矩、庄重；垂直方向的矩形挺拔、崇高、庄严。

三角形：正三角形具有扎实、稳定、坚定、锐利之感；倒三角形具有不稳定、运动之感。

梯形：正梯形具有生动、含蓄的稳定感；倒梯形具有上大下小的、轻巧的运动感。

菱形：具有大方、明确、活跃、轻盈之感。

正多边形：具有生动、明确、安定、规矩、稳定之感。

圆形：具有圆润、饱满、肯定、统一感，但缺少变化，显得呆板。

椭圆：有长短轴的对比变化、具有安详、明决、圆润、柔和、单纯、亲切之感。

2. 非几何形

非几何形可产生幽雅、柔和、亲切、温暖的视觉感受，能充分突出使用者的个性特征。

有机形：具有活泼、奔放的视觉感受，但也会产生散漫、无序、繁杂的视觉效果。

不规则形：具有朴实、自然之感。

四、体的概念与分类

（一）体的概念

体是形态设计构成的基本单元，通过面的移动、堆积、旋转而构成的三维空间内的抽象概念。在现代风格的家具设计中，体常常以组合造型的方式出现，给人真实客观的存在，具有平衡、舒展的视觉感受。体不同于点、线、面，它不仅仅是抽象的几何概念，也是现实生活中真实客观的存在，需要占据一定的三维空间。无论多复杂的体，都可以被分解为简单的基本几何形体，如立方体、锥体等，即基本几何形体是形态设计构成的基本单元。造型设计中的体，有实体和虚体之分，实体可以理解为面具有了一个厚度、空间而被某种材料填充、有一定体量的实形体；而虚体则是相对实体而言的，它是指通过点、线、面的围合而形成一定独立空间的虚形体。体又可分为几何体和非几何体，几何体有正方体、锥体、柱体、球体等；非几何体是指一切自由构成的不规则形体。其中长方体按其三维尺度的比例关系不同又可分为块状体、线状体和板状体，这三种形式的长方体通过自身的叠加或递减可以相互转换（图 2–13、图 2–14）。

（二）体的视觉效果

图 2–13　体的特征的运用　学生作品

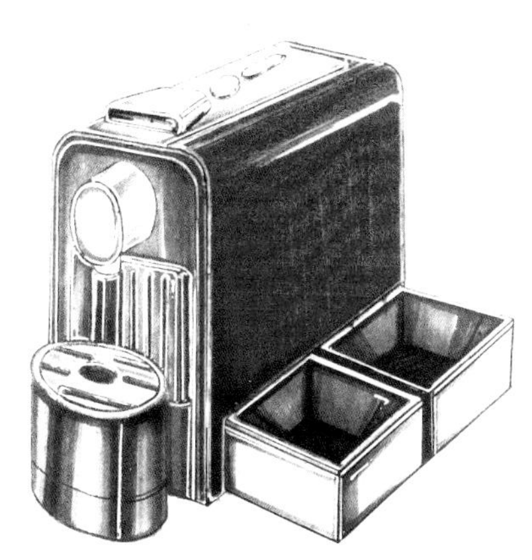

图 2–14　体的特征的运用　学生作品

细高的体：具有纤柔、轻盈、崇高、向上的视觉效果。

水平的体：具有平衡、舒展的视觉效果。

矮小的体：具有沉稳，给人小巧、轻盈的视觉效果。

厚实的体：具有敦厚、结实的视觉效果。

高大的体：具有雄伟、庄重的视觉效果，但也容易使人产生压抑感。

虚体：具有开放、方便、轻巧的视觉效果。

每一种造型都在表达设计师想要传达给人们的信息内容，通过将点、线、面、体元素符号进行合理的归纳、提炼及运用，塑造不同的造型表情。而大部分造型都是靠点、线、面、体四种元素相互组合表现出来的（图 2–15 ~ 图 2–17）。

图 2-15　点、线、面、体的综合造型表现　高宇佳

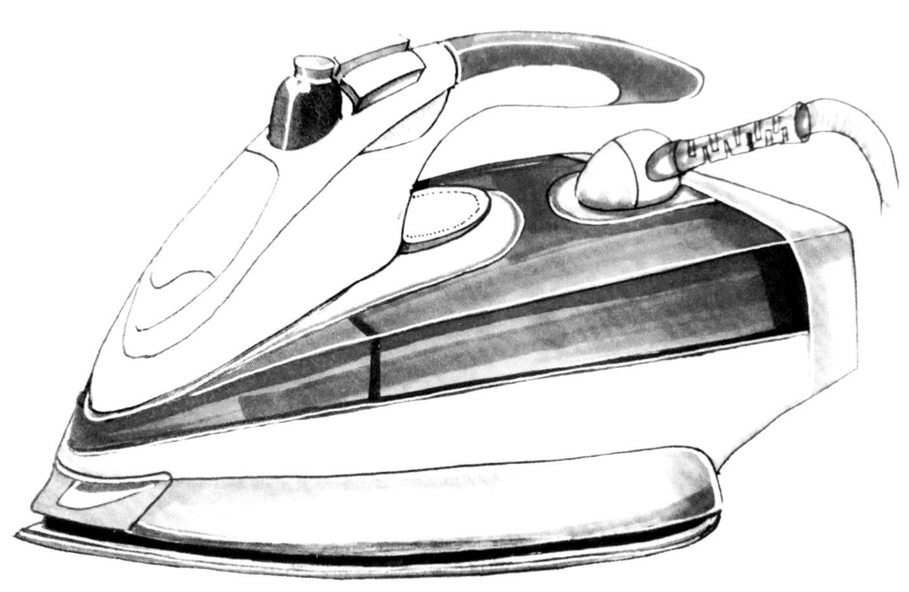

图 2-16　点、线、面、体的综合造型表现　学生作品

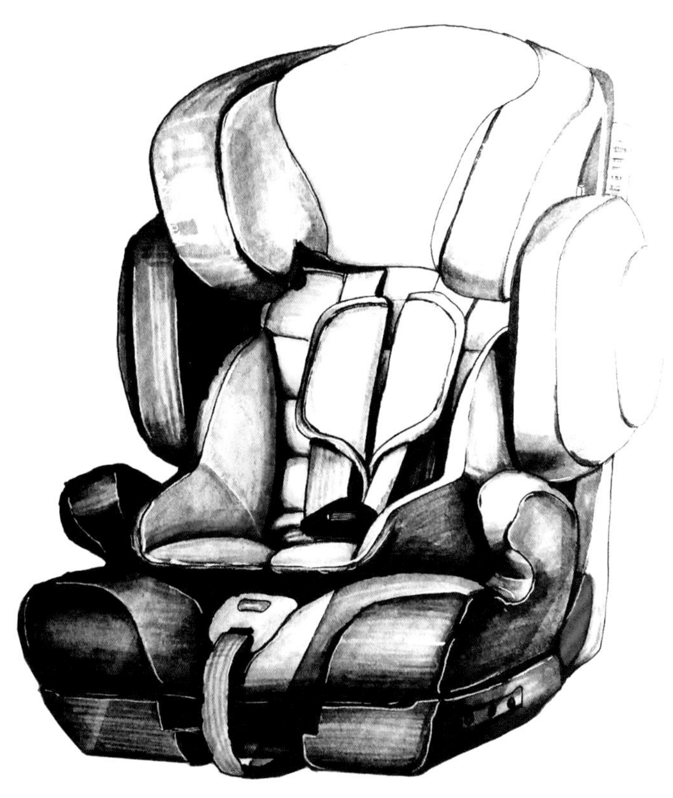

图 2-17　点、线、面、体的综合造型表现　学生作品

第三节　产品造型的语义

一、产品造型语义的概念

产品造型语义是在符号学理论基础上发展起来的，将符号学运用在产品设计中而形成的整套语义体系。产品造型语义主要研究对象是视觉图形、图像与形态，它通过设计语言和符号的作用，把艺术设计造型语言的观念传达给用户并为之所理解和接受，它具有“传情达意”的作用，体现了设计要素之间的逻辑关系并成为沟通设计师与用户之间的桥梁，是传递信息的媒介。

产品造型语义认为：这些几何形状的象征含义是人们从小在大量的生活经验中学习积累起来的，这是每个人的几何形状知识财富，设计师应当采用人们已经熟悉的形状、颜色、材料、位置的组合来表达操作，并使它的操作过程符合人的行动特点。

产品造型语义强调设计师应当在产品设计中着重解决下列三方面问题。

（1）产品应当不言自明。产品通过形状、颜色来传达它的功能及用途，使用户能够通过外形立即认出这个产品是什么，可以用它干什么，具有什么功能，操作有什么注意事项，怎么放置等。

（2）产品造型语义应当适应用户。使用该产品应当先进行什么准备，怎么接通电源，怎么判断它是否进入正常工作状态，怎么识别它的操纵顺序，怎么保证每一步操作能够正确进行，怎么判断操作是否到位，怎么识别操作是否已经被执行完毕，这些与用户操作过程有关的内容，设计师都应当采用视觉能够直接理解的产品语义方式，适应用户语言思维里的操作过程，并提供操作反馈显示。例如，车把向右转动，车就应当向右转；按压数字电话机号码时，应当提供声音反馈或指示灯反馈，使用户知道他是否正确输入了数字；接通电源开关后，机器应当用信号灯显示“亮”；每操作完一步后，计算机都应当反馈信息，使用户知道计算机在执行这一操作。

（3）产品造型语义设计应当使用户能够自教自学，并自然掌握操作方法。当第一次在西餐厅用餐时，不会使用刀叉，看看旁人怎么使用，自己尝试效仿一下也就会了，可能并不觉得有多难，这就表明刀叉的设计给用户提供了简单自学使用的方法。同样，判断一个产品的设计是否成功，最简单的方法是看用户能否不用别人教，自己通过观察、尝试后就能够正确掌握它的操作过程，并学会使用。好的设计允许用户自己进行任意操作尝试，而不会引起产品的任何操作“挂死”，不会损坏产品，不会造成产品的误动作，不会伤害用户自己。判断设计好坏的另一方法，是看它的操作说明书。为什么要提供操作说明书？因为从机器上无法直接学会操作。说明书越厚，表明该产品的人机界面设计得越不直观，用户无法依靠直接尝试学会操作方法；说明书越薄，表明该产品的操作方法可以直接从人机界面上领会。不需要使用说明书，是良好设计的一个标志。如果需要认真阅读三本说明书后，才会使用筷子，那么筷子早就被淘汰了。产品的使用说明过于复杂，说明产品人机界面的设计不适合用户的学习。

二、产品的造型形态应具有生动的情感表达特征

设计是一种创造性的活动，设计的目的是为了改善人们的生活，提高生活品质，满足人的生理与心理等多方面的最大需求。在面对当今产品供大于求、同质化严重的市场现状，极具竞争价值并起决定作用的核心因素就是产品设计的情感表达。它是代表产品品牌形象并始终与消费者零距离交流沟通的载体。情感设计在某种程度上直接决定着消费，引导着消费行

为，对消费具有导向性和标识性的双重功能。产品是为人服务的，它通过设计形式要素引发人的情感体验和心理感受，传递着一种情感，表达着一种功能方式，一种思维，一个时代，一种文化。追求轻松、幽默、愉悦、积极的心理体验和情感表达，是提升生活品质、产品竞争力的主要力量。

产品的造型是一种情感表达。消费者是人，人是有感情的，设计要从人的情感出发，充分考虑人的精神需求，通过外在形态美语言表达内在的真实情感，这是现代设计的一个重要课题。

情感的传达方式很多，而人们与产品交流时，产品会通过可见的和不可见的设计语言向人们传达它蕴含的情感元素，并通过使用者的主观体验和认知反映出来，例如，形态设计中具有生命力的膨胀感、具有节奏的韵律感、具有柔和的亲近感等。美国认知心理学家唐纳德·A. 诺曼曾提出产品情感化设计的三个层次：本能水平设计、行为水平设计以及反思水平设计，它们对应了不同层次的设计语言。

（1）在本能水平的设计语言中，产品形态这一可见的设计语言，成为最为直观的情感载体，它包括产品的造型、材料、色彩等构成元素，并可以依靠消费者的视觉、触觉等基本的感知器官，通过他们的想象、记忆等各种认知能力，唤醒他们最初始的情感诉求。点、线、面、体根据不同的审美规律调和而成的结构形式，丰富而不同的色彩搭配，具有不同触感和视觉感受的材质应用等，传递着设计的种种语义，激发出人们不同的情绪和情感回应：或热情或冷漠，或严谨或活泼，或质朴或华丽，或生动或有趣等千变万化的主观感受和情感体验。

（2）在行为水平设计语言中，合理的功能设计可以满足人们对产品的实用性需求，同时它也承担着满足人们在使用体验中的心理需求，所以，它成为一种不可见的情感载体和设计语言。在人机工程学的指导下，设计师应该使产品简单易懂，易识别，易操作，并保证安全性等特征，使消费者的操作方式和行为习惯得到最合理的设计和安排，促使人与产品的交流互动过程符合人类深层次的情感需求。同时，人的行为方式也自然地成为传达人们生活情感的另一种不可见的设计语言。

（3）在反思水平设计语言中，产品深层的文化内涵，作为设计中的非物质设计元素，是实现产品情感化的另一个关键所在。产品若能够和人们交流，首先必须要得到他们的认同，这是一种内在的精神层面的对话。传统的文化、人文精神是人们的风俗习惯、生活方式和思想观念等经过漫长的历史沉淀，在特定的历史和环境中，人们达成和所拥有的普遍共识。传统文化能够通过人的有意识或内在无意识对自己的生活世界进行理解和改变，所以，文化对设计会产生潜移默化而又非常深刻的影响。产品设计可以通过这些传统文化的渗入唤起人们脑海深处的回忆，使人们产生审美的愉悦和精神上的慰藉与归属感。当然，历史在发展，文化随着时代的发展而在不断调整变化，不同时代人们的思想观念与情感诉求是不同的，所以设计的文化内涵应具有时代特色，在传统的基础上采用符合新时代精神需求的设计元素，实现人们的沟通和找到情感的依托。如今，利用中国传统文化作为提高产品竞争价值的设计理念，得到了设计师和消费者的普遍认可，市场上诸多产品都通过采用中国特有的元素融入，达到吸引消费者的目的。

这三个层次的情感化设计并非彼此孤立存在的，在具体的产品设计中，它们相互影响、相互作用，设计师应将各种类型的设计语言进行融合，最终完成高品质的情感化产品设计。

情感是人类对于外界刺激做出的一种本能反应，它对人们的生活、思维等方面能够产生很大的影响，并在一定程度上决定人的行为和活动的方式。在与外界环境交流时，人们会产生两种反应和感性体验，即消极情感和积极情感。其中，积极的情感体验对于人们的生活有着重要的意义，所以，当代设计师要努力挖掘人对于产品产生的正面的情感体验，最终实现产品的商业价值和文化价值。

设计师将情感赋予产品，当消费者与它发生关系时，会通过对它的感受，以及与过去类似经验进行搜索和比较，然后经过对自己的需要和体验所进行的分析等一系列复杂的认知过程，形成对产品的感性认识，进而产生情感的回应。而这些情感回应将会回馈和应用到设计师的再设计中，由此可见，设计中引发的生活情感是一种由设计师到产品、再到消费者的不断循环的交流过程。

所谓生动的形态，是形态表达出具有生命的、活力的、运动力的语义。这种以视知觉为基础的形态语义称为形态知觉语义。这种语义是人们长期在生活中向大自然汲取的精神财富。所谓有生命的、运动的，不是指会蹦会跳的自然形态，而是指产品外形具有的一种深层的内涵能力，这种视觉力是精神上的生命力。人们通过对自然界生物的具象和抽象感知以及生活中经验的积累，会提炼出形形色色具有生命知觉的感觉，如生长感、膨胀感、扩张感、孕育感、舒展感、分裂感、坚挺感等。人们正是通过这些感觉进而感触生命的存在。因此，产品设计要熟练掌握并应用这种具有生命知觉的感觉进行形态表达（图 2-18 ~ 图 2-22）。

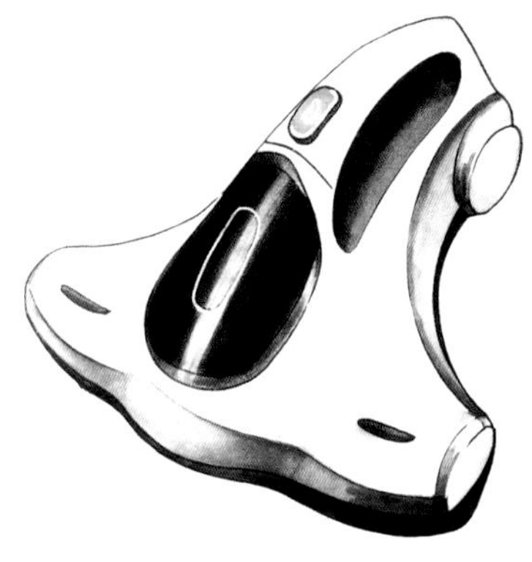

图 2-18　手绘除螨仪　学生作品

图 2-19　手绘电吹风　学生作品

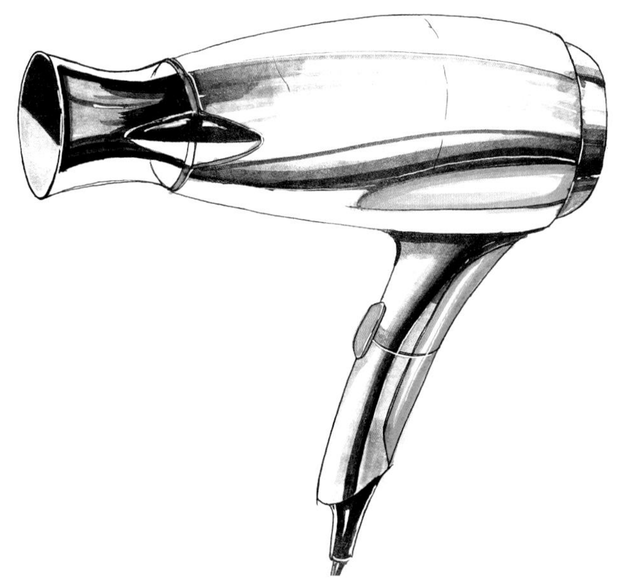

图 2-20　手绘电吹风　学生作品

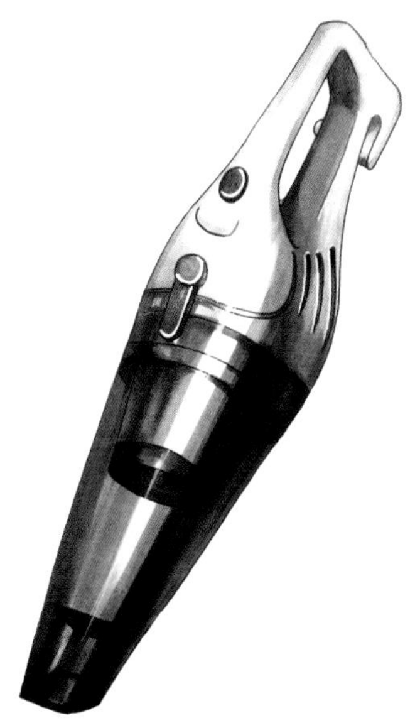

图 2-21　手绘吸尘器　学生作品

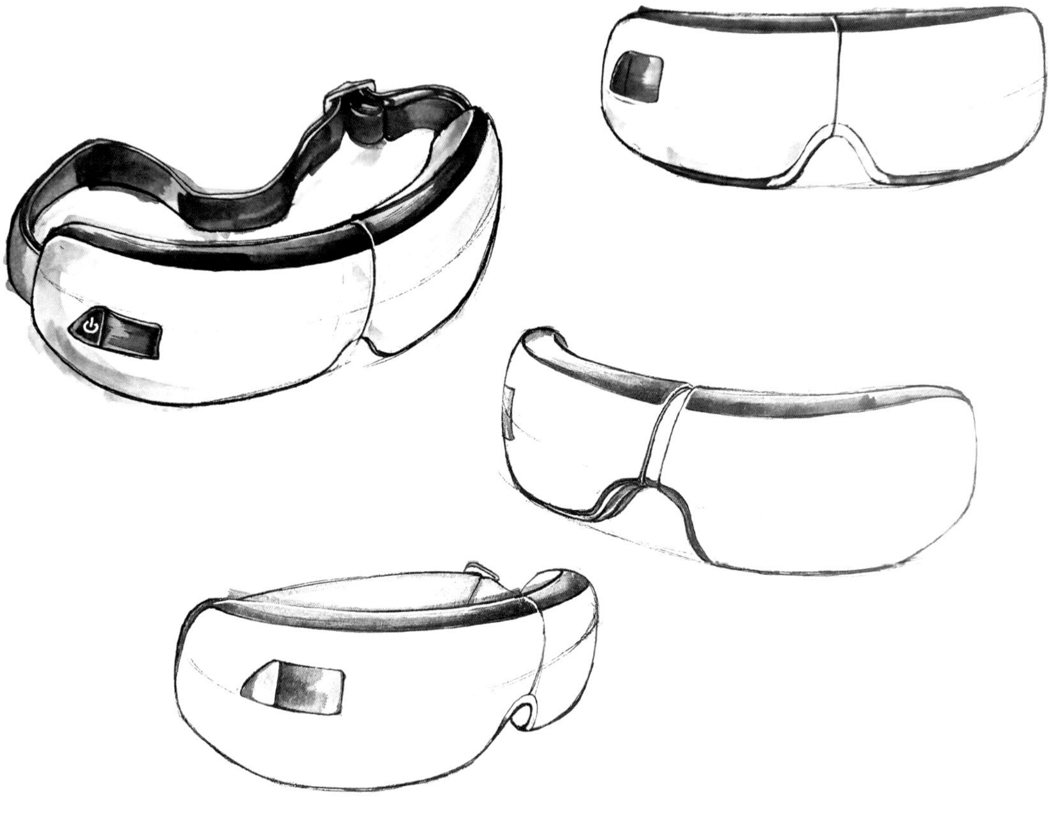

图 2-22　手绘眼镜　学生作品

三、造型形态表达具有多重感官的形态语义

感官指感受外界事物刺激的器官，包括眼、耳、鼻、舌、手、足等，而大脑是一切感官的中枢。不同的造型形态会引起多重感官的形态语义，如味觉的酸、甜、苦、辣，触觉的光滑、粗糙、柔软、弹性，以及嗅觉和听觉等不同的感官语义。曲线与曲面的节奏结合，能体现出柔美的视觉效果；直线与凸面的节奏结合，能体现出扩张、刚劲、有力的视觉效果。在产品手绘设计过程中，应结合时尚的风格特征，以符合当今人们的审美需要为前提，使产品造型体现出个性化、新颖性视觉特征（图 2-23 ~ 图 2-30）。

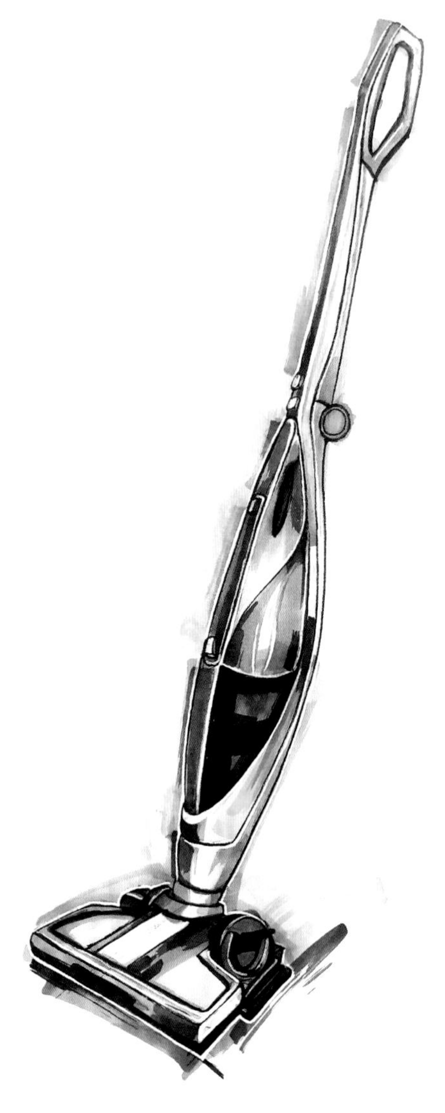

图 2-23　手绘吸尘器　学生作品

图 2-24 手绘水壶 学生作品

图 2-25 手绘水壶 学生作品

图 2-26 手绘咖啡壶 学生作品

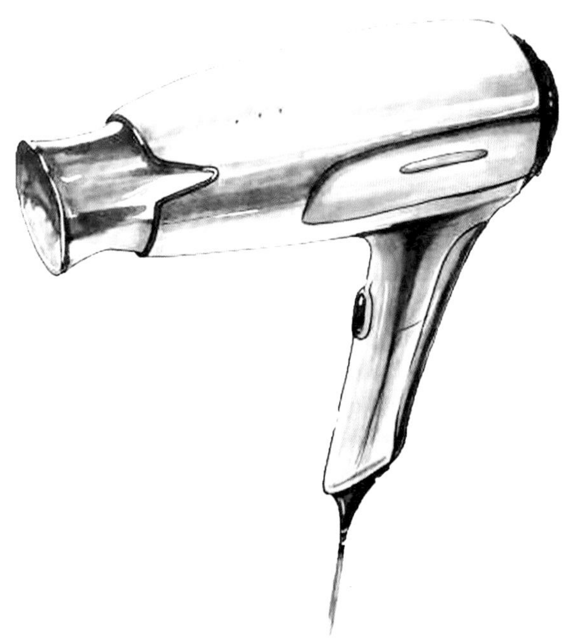

图 2-27 手绘吹风机 学生作品

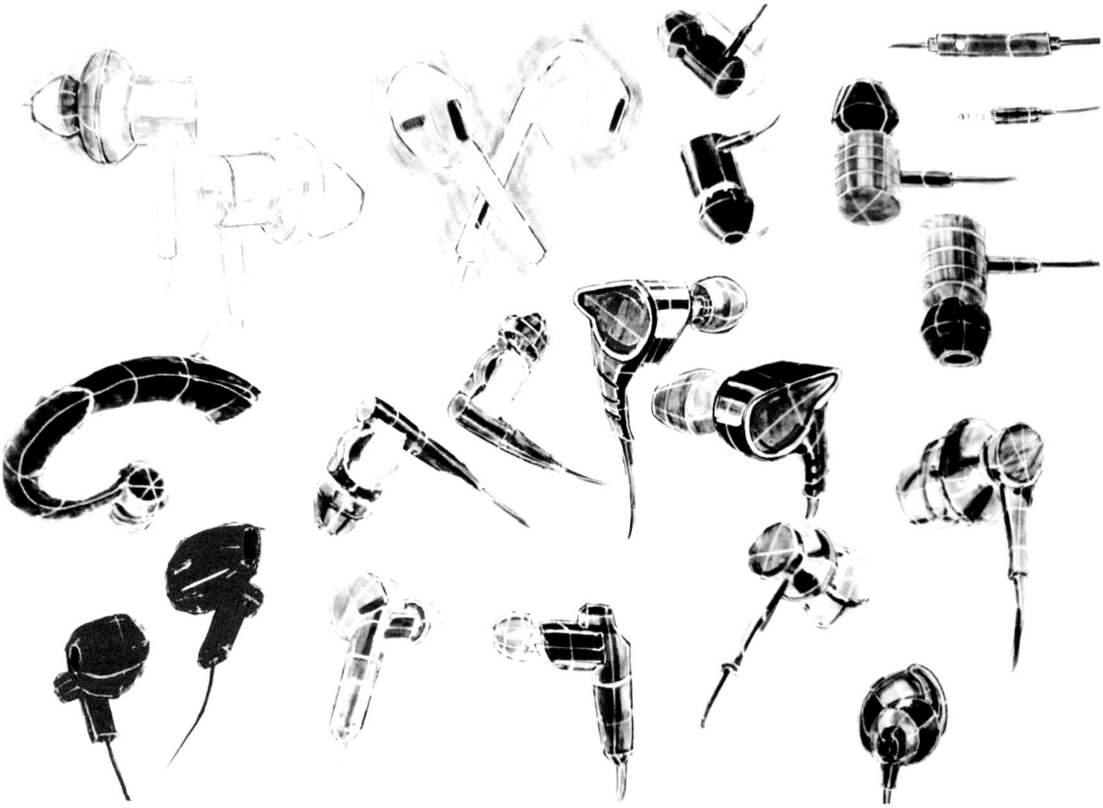

图 2-28　手绘各种耳机　学生作品

图 2-29　手绘小汽车　任成元

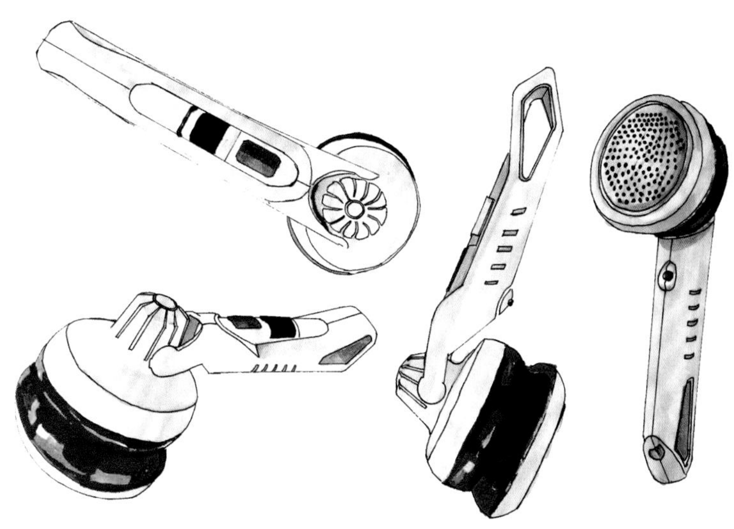

图 2-30 手绘耳机 学生作品

四、产品造型语义的内涵

（一）符号

符号是指人对生活形态的直接感知经验，把产品的形态作为与现实生活衔接的符号，从整体感知概念上谋求经验性记忆符号特征化的表现。如手指按压按键的符号，手指并拢旋转的符号，脚形功能发挥符号等，把这些内容直接放在产品具体部位以加强形态吻合的表现。

符号是一个抽象的概念，人们通过运用符号来交流信息、表达对产品的操作方式。而研究这些符号的学说叫符号学。符号学是交流的一种理论方法，它的目的是建立广泛可应用的交流规则。对多数符号学研究者来说，它不是一个独立学科，而是研究各种文化、艺术、文学、大众媒体、计算机人机界面中的符号和交流方式。

符号能够使产品适应人的视觉理解和操作过程。在口语交流中，人们通过词语的含义来理解对方；在使用产品时，是通过产品部件的形状、颜色、质感来理解产品，例如，视觉经验认为圆的东西可以转动，红色在工厂里往往表示危险。你怎么会认出房子的门？通过它的形状、位置和结构。如果你指着一面墙说："这就是门"，没有人会相信。人们早已经把门的形状、门的结构、门的位置以及它的含义，同人们的行动目的和行动方法结合起来，这样形成的整体叫行动象征。同样，水壶、自行车、刀具等都具有行动象征。设计者应当把这些象征含义用在机器、工具等产品设计中，使用户一看就明白它的功能与操作方式，而不需要花费大量精力重新学习陌生的操作方法。把产品符号学的思想用于产品设计，就是要从人的视觉交流的象征含义出发，使每一种产品的每一个手柄、旋钮、把手都会“说话”，它通过结构、形状、颜色、材料、位置来象征自己的含义，“讲述”自己的操作目的和准确操作方法。换句话说，通过设计，使产品的目的和操作方法应当不言自明，可以不需要附加说明书解释它的功能和操作方法。

造型因素作为传达信息的符号，构成了现代设计中的产品语言，现代产品设计理论下，产品设计的过程就是各种符号的再结合过程。产品设计除了表达必要的功能之外，还要透过符号语言来传达设计的文化内涵，表现时代的设计哲学。产品的造型作为产品语言的符号表现形式，除了提升产品使用功能以外的价值体现，在审美功能上也得到了大大地提高。设计的目的是为了满足人们对产品客观的实用价值与主观情感的需求，同时，也满足人们对产品个性化和高度艺术性的需求，理想的产品应有助于人们的日常生活并给人们带来欢乐。信息化时代的到来使得现代设计越来越注重人性化设计，强调以人为本。如何运用符号学创造出符合现代人类情感化、人性化需求的产品，是当代设计师必须认真思考的问题。

形态语义研究的对象是符号，这些符号既可以是产品的形态（元素）代表的符号，也可以是人使用产品想要表达的符号，这个符号联系了人与产品，也实现了企业与用户的联系。能用是一个产品最基本的需求，但满足能用是远远不够的，只要企业能够很好地将用户需求的符号运用到产品（包括视觉）设计中，产品就会变得好用，并且能够满足用户的心理诉求，得到用户心理上的认可，从而拥护品牌。

在产品设计中的符号表达应该具备以下内容。

符合人的感官对形状含义的经验。人们看到一个东西时，往往会从它的形状来考虑其功能或动作含义。当看到“平板”时，就会想到可以“放”东西，可以“坐”，可以当作垫板来“写字”；当看到“圆”时，就会想到可以旋转或转动；当看到“窄缝”时，就会想到可以把薄片放进去。可见，这些符号都具有一定的感官经验。

提供方向的含义，包括物体之间的相互位置，上下前后层面布局的含义。任何产品都具有正面、反面、侧面三个方向，正面朝向用户，需要用户操作的键钮应当安排在正面。设计师必须从用户角度考虑用什么符号表示“前进”“后退”“转动”“左旋”“右旋”，用什么符号表示各部件之间的上下相互位置关系，用什么符号表示“立放”“横放”。

提供状态的含义。电子产品具有许多状态，这些内部状态往往不能被用户发觉，设计师必须提供各种反馈显示，使内部的各种状态能够被用户感知。例如，用什么符号表示“静止”“断电”“正常运行”“电池耗尽”，用什么符号表示“结束”“关闭”“锁定”等。

电子产品往往具有“比较判断”功能，符号表达必须使用户能够理解其含义。例如，用什么符号表示“大”“小”，用什么符号表示“合格”“不合格”，用什么符号表示“轻”“重”“高”“低”“宽”“窄”的不同。

要给用户表示操作流程，保证用户正确操作，必须从设计上提供两方面信息：操作装置和操作顺序的符号。如洗衣机的各种操作装置安排都设计在面板上，用户看不出应当按照什么顺序进行操作，这种面板设计并不能满足用户需要，往往使用户不敢操作，他们经常考虑一个问题：“如果我操作顺序错了，会不会把洗衣机弄坏？”许多用户在操作计算机、电视机、电熨斗、电饭煲，以及许多仪表时，都会产生这种疑问。因此，设计符号还必须提供各种操作过程。

产品符号学认为，设计师应当尽量了解用户使用产品时的视觉理解过程，例如，用户在什么位置寻找开关？会把什么形状的东西理解成开关？怎么发现操作方法？产品的形状颜色为什么会引起错觉？用户怎么进行尝试？怎么观察产品的反应？换句话说，产品应当通过形状颜色给用户提供操作提示，应当对用户的各种操作尝试提供反馈信号，使用户能够进一步了解产品内部的运行行为，从而使产品行为变得透明。

另外，用户在操作使用产品时有两种动机：一种是平衡感觉，一致相关感觉。有操作，产品就应当有反应，这是从美学敏感性引起的本能动机。另一种是行动目的引起的动机，它与操作使用过程有关。操作时，用户需要机器反馈信号，以评价操作结果。如果关门听不到声音，就不确定门是否关紧了；在操作键盘上敲入命令后，计算机没有任何反应，就不知道发生什么了，是计算机锁死了？还是坏了？

用户操作出错的主要原因是由于产品设计中的错误造成的，这种设计没有给用户提供准确的感知，形状颜色的含义与操作功能不一致。主要存在两种错误：第一种是从学习尝试中产品的行为动作出错中获得对操作的新的理解，例如，当你把钥匙向左转无法打开门时，就会把它向右转，但是你不会把锁和钥匙弄坏，产品设计应当给用户提供这种尝试可能性。第二种是操作时的中断出错，进入了“死胡同”，无法继续操作下去。产品设计应当给用户提供帮助，使用户能够跳出“死胡同”。

产品符号学的产生是设计思想史的一次重大变革，它针对功能主义设计思想（外形跟随功能）的缺陷，提出设计不应当以机器功能为出发点，而应当以人的操作行为为出发点，以人对产品的理解为出发点，使用户通过外形理解电子产品的功能，产品应当自己会“说话”，告诉用户它有什么功能、怎么操作。它针对功能主义的技术理性，在西方最先提出了“以人为本”的设计思想，它强调文化的作用，强调用户的思维方式、习惯行为方式对产品设计的重要作用，跳出“以机器为本”“以技术为本”和“把用户数学化”的设计思想（图 2–31、图 2–32）。

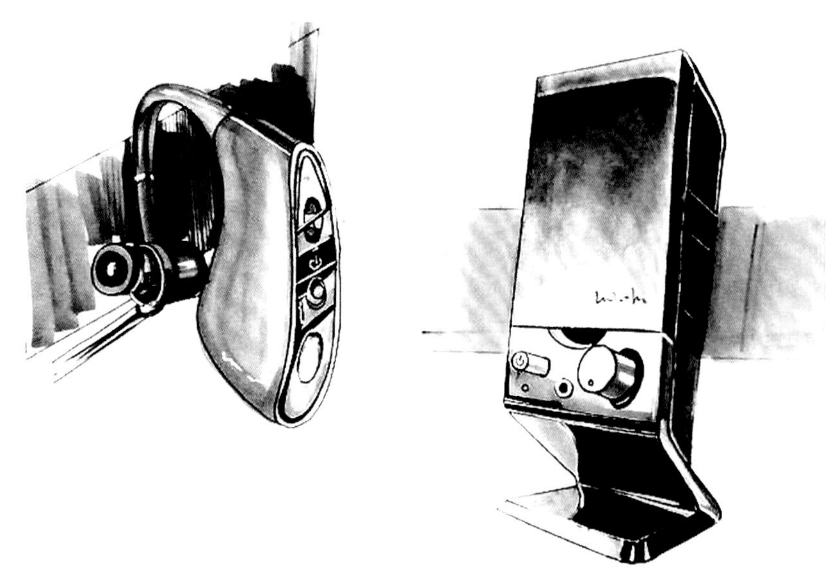

图 2-31　手绘智能电子产品　学生作品

图 2-32　手绘手电筒　学生作品

（二）触点

触点是指在人在接触物体时，人的体表感觉点，特别指产生触觉和压觉的位置。在进行产品设计时，注重造型中与人的体表接触的肢体点，其尺度和形态特征，以正负形的吻合关系设计产品的触及面。触点直接关系到产品的使用感知、效率，如按键面、座椅面、靠背面等都是触电（图 2-33）。

图 2-33　手绘鼠标　学生作品

（三）尺度

尺度一般表示物体的尺寸与尺码，这里是指人肌体的不同尺度在和产品应用发生关系时，需求在产品尺度表现上充分体现舒适保障。例如，一般椅类家具在功能尺寸的设计上应考虑以下几个因素：椅子的座高、座宽、座深、座倾角与椅夹角、椅曲线以及扶手高度和座椅垫性等。这些因素与人体的基本尺寸都有着密切的关系。如座深为沙发、座椅尺寸设计的依据；小腿加足高为座椅椅面高度设计的依据；坐姿肘高为书桌、餐桌的高度设计的依据；人体站立的基本高度、手臂的活动范围为整体橱柜、操作空间设计的依据；睡觉时人体宽度、长度及翻身的范围为床设计的依据（图 2-34 ~ 图 2-36）。

图 2-34　手绘座椅　任成元

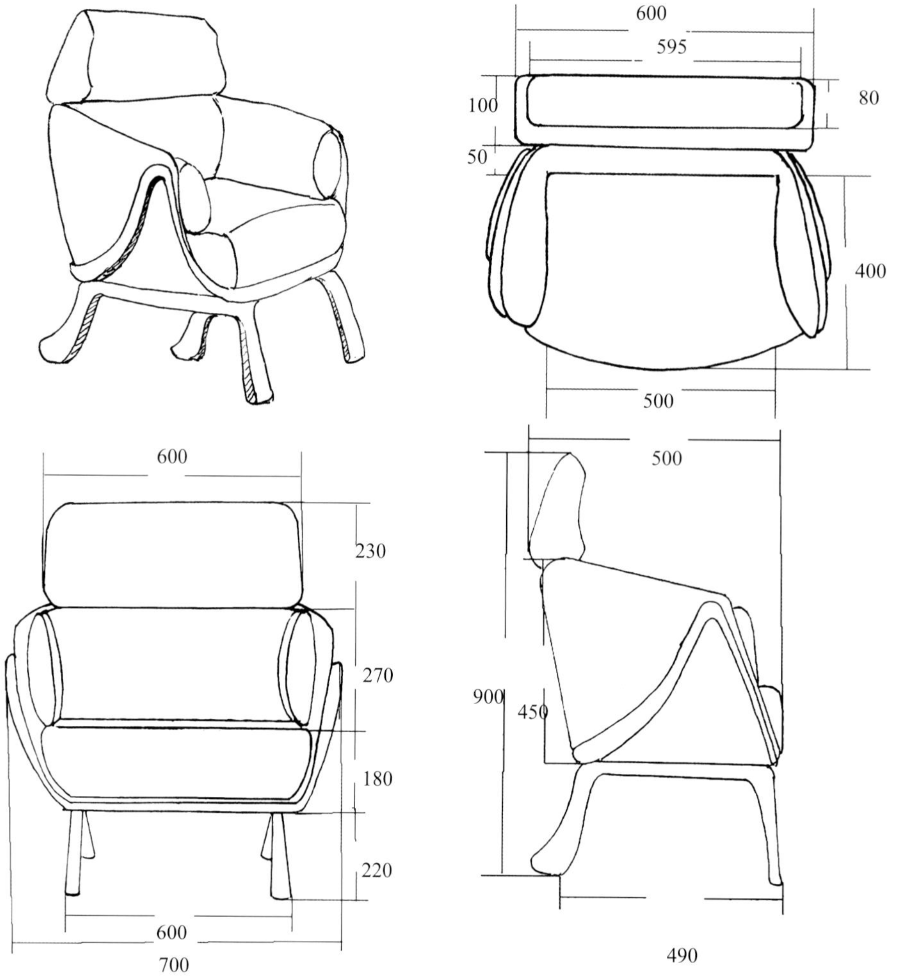

600
595
100
80
50
400
500
600
230
270
180
220
600
700
500
900
450
490

图 2-35　手绘座椅尺寸　学生作品

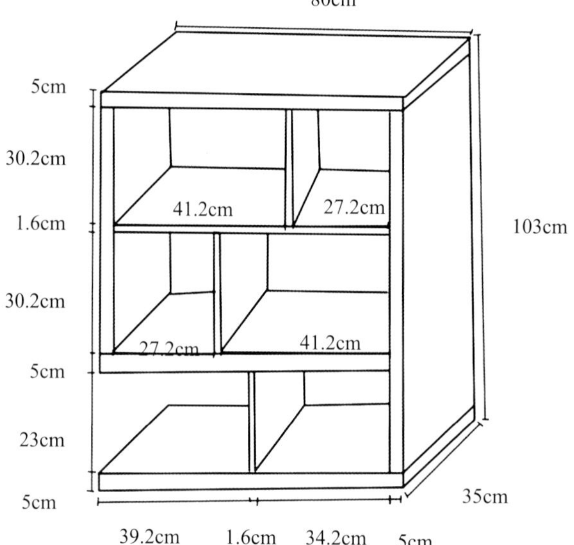

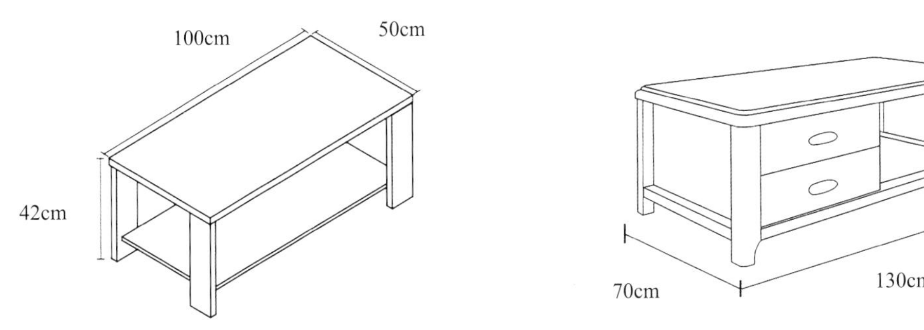

图 2-36　手绘柜子尺寸　学生作品

（四）幅度

幅度是指以人的肌体运动幅度和动作可变幅度来设计产品形态，产品机能构成形式在人的作用面上都具有一定幅度的运动和可变关系。因此，在产品手绘效果图设计过程中，需依据人的特征设置结构，从人的使用动态出发，以最大幅度适应和表现人的动作变化，如图 2-37 是手掀开不粘锅的过程产生的幅度表现。

图 2-37　手绘不粘锅　学生作品

（五）方式

方式是指人的生理和心理因素确定产品的作用形式，如按键的排列是从左至右还是从右至左，门锁的锁口方向往哪边最适合人的需求，医用病床是分段起放还是两边任意调整等。人的综合因素作用下产品实现功能的方式有多种选择，也更能体现出人的本能特征。设计师需通过寻求人的最佳行为方式来体现产品人性化设计元素，如图 2-38 ~ 图 2-40 所示。

图 2-38　手绘吸尘器　学生作品

图 2-39　手绘吸尘器　学生作品

图 2-40　手绘跑车　学生作品

（六）操作

操作是指以人的行为为次序设计产品操作控制系统。人的习惯动作在社会中普遍存在着，做同一件事，人的行为不可能一致，这种不一致直接影响着产品构成中操作系统的设置。对多数人的行为习惯进行归纳、分析，在比较中归纳出最易被认同的操作次序，并优化形成操作表现方式，从人的本性特征上建立起没有行为障碍的操作控制系统，如操作控制面板、汽车驾驶室、工具盒的打开结构、门的开启次序等。人机关系的贴切关照充分体现出设计全心为使用者服务，使产品最大化发挥其功能属性，实现产品被操作、使用的目的，提高操作效率，满足使用者的需求，如图 2-41 ~ 图 2-43 所示的工具设计。

图 2-41　手绘电钻　学生作品

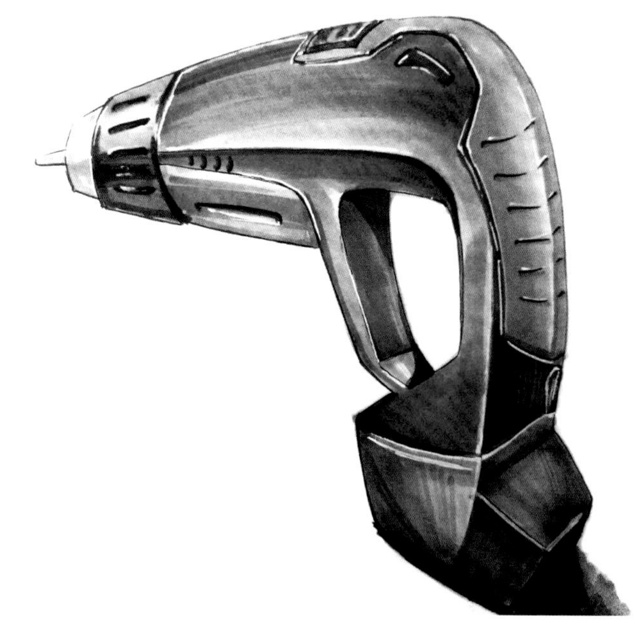

图 2-42　手绘电钻　学生作品

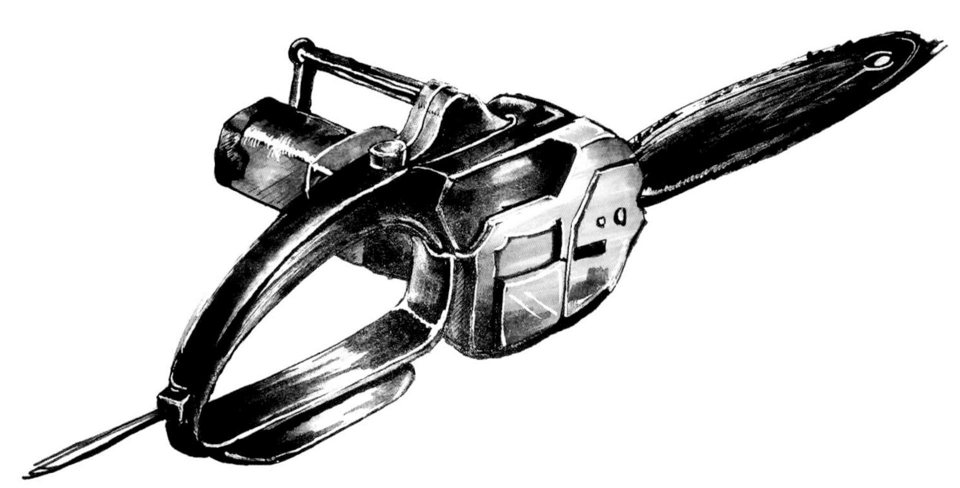

图 2-43　手绘电锯　学生作品

思考与练习

1. 举例以线条为造型特征的家居产品。

2. 举例具有膨胀感造型的产品。

3. 描述某一种家具的造型语义特征表现。

第三章

手绘效果图表现技法

第一节　手绘草图表现

手绘草图表现形式一般为单线表现。

设计是一个不断颠覆的思考过程，一般人所见到的仅仅是一种以具体而形象的方式展示给大家的最终成果，但是在整个构思的过程中，设计者是离不开图示的分析和比较的。一个有创意的设计，其灵感的火花是在思维与表现反复的否定与肯定中碰撞出来的。大脑中存在的抽象形象只有变为具体的形象，才能供人们交流与思考。所以对于设计师而言，如何将自己独特的设计构思，快速、准确、客观地表达出来，是设计过程中非常重要的问题。

因为手绘表达比较直接、快捷，而好的设计往往是“灵光一闪”的思维成果，所以也正是这种简单的、概念性的速写草图，记录了一个灵感的启发。灵感有时候只是模糊地反映着一种大脑思维的轨迹方向，设计草图旨在将原始构思进一步明确化，建立方案设计的视觉形象，探索面临的实际问题，或对主要的技术问题和创作构思做重点表达。

由此看来，手绘草图是设计构思的过程，它记录了设计师构思时的灵感，同时也引发了下一次灵感的开始。产品的设计思维是必须要落实到具体的形象上，否则无法进行评价与评估的。所以这种快速、简洁的手绘表达所带来的特殊作用是无法预见的，也正是因为有这种灵感的迸发，才能显示出设计的可贵。手绘草图也是收集设计资料的好方法，设计师可以随时记录下不同产品的形态、材质、色彩或是局部细节，也可以将草图加以文字说明，将这样的资料整理成册就可以形成庞大的素材库。做设计时有效利用素材就能拓展思路，为产品设计奠定基础（图 3-1 ~ 图 3-5）。

在手绘过程中，可以通过线条来表达产品的造型，体现出设计师的思路。线条的分析运用，是对设计条件不断协调、评估、平衡，并决定取舍的过程。在方案设计的开始阶段，设计师最初的设计意向是模糊的、不准确的，而线条表达能够将设计过程中有机的、偶尔迸发的灵感、思考以及对设计条件的协调过程，通过可视的图形记录下来。这种绘画形式的再现，是抽象思维活动最适宜的表现方式，能够把设计思维活动的过程和成果展示出来，也就是将设计师大脑中的思维活动不断延伸，通过图形使之外向化、具体化。在数据组合及思维组成的过程中，线条可以协助设计师将种种游离、松散的概念用具体的、可视的形象陈述出来。在发现、分析和解决问题的同时，设计师头脑中的思维形象通过线条的勾勒跃然纸上，所勾

图 3-1　书包设计草图　学生作品

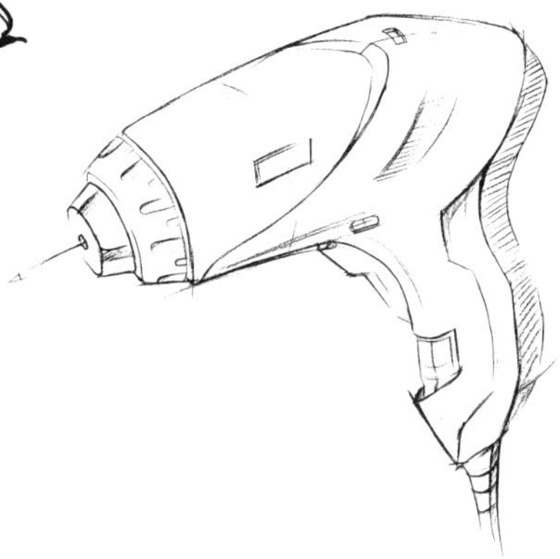

图 3-2　电钻设计草图　学生作品

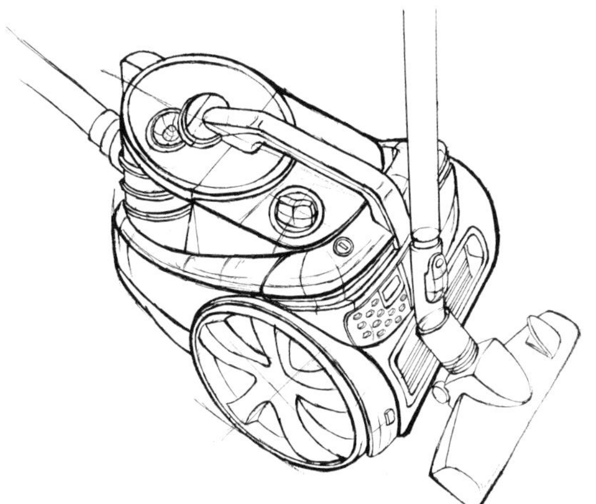

图 3-3　吸尘器设计草图　学生作品

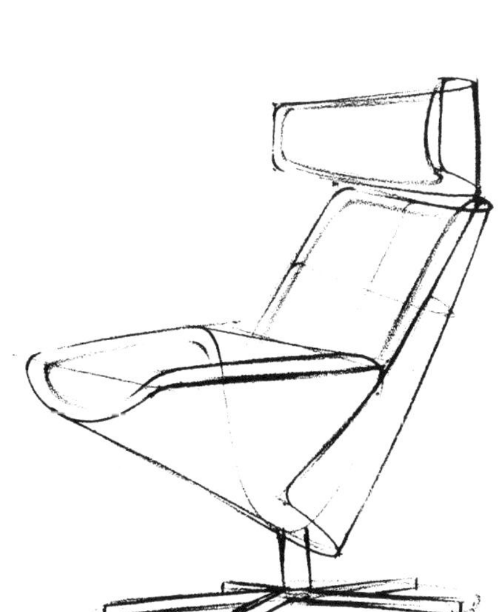

图 3-4　座椅设计草图　学生作品

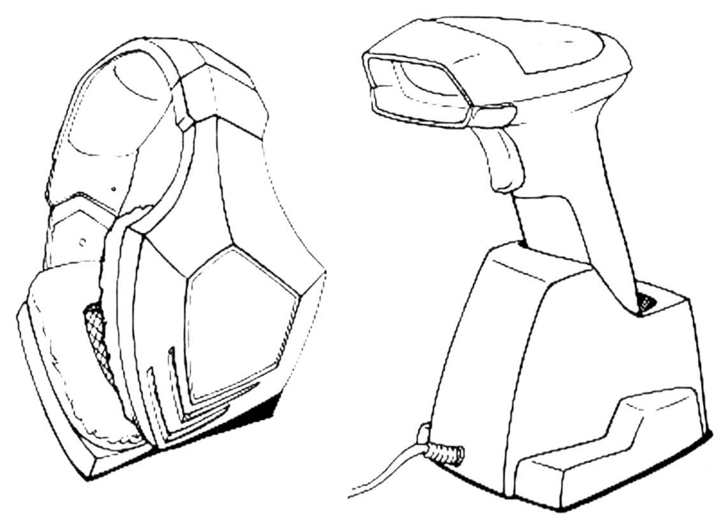

图 3-5 耳机与扫码器设计草图 学生作品

勒的形象则通过眼睛的观察又被反馈到大脑，刺激大脑进一步的思考、判断和综合，如此循环往复，最初的设计构思也随之越发深入、完善。

线是速写草图中最基本的单元，草图主要通过线条来表现产品的结构和特征，比如形体的轮廓、虚实、比例等。线条绘制的好坏直接影响产品效果的表达，线条下笔要肯定、干净、利落，流畅的线条可以使画面具有活力。单线表现以线条勾勒出产品的轮廓线、结构线来表现物体外形及构造，不需要强调更多的层次和空间关系。线条可以有浓淡、粗细、长短、曲直、虚实、疏密、刚柔的变化，以表现不同的效果，如外轮廓线可适当加粗，这样可以舍弃次要细节的表现。

单线形式绘制工具有钢笔、铅笔、签字笔、针管笔等。无论使用哪种绘制工具，线条都应该流畅、明快、果断，根据笔的粗细选择，组织线条的排线与形状。不仅要注意线条粗细变化，还要注意近实远虚的效果。产品的结构线一定要表达清楚，让人一目了然产品的结构是怎么样的。作画时可以徒手画出，也可以借助工具来画。另外，用单线表现用笔必须干脆、利落，画面必须保持清洁。图 3-6 是一些常用线条及粗细效果。

一、辅助线的使用

在进行起形时，可先画出辅助线，用来大致表现透视、位置、比例、造型等。辅助线通常比较轻，可以是铅笔绘制，也可以是钢笔表现，辅助线要将产品造型及动态控制在一定范围之内，做到心中有数，然后利用其构架调整造型，进而逐步准确。

如图 3-7 是绘制汽车的轮廓辅助线，可将汽车的表现态势控制住。

图 3-8 是手绘汽车单线表现草图。

图 3-9、图 3-10 为手绘单线表现草图实例。

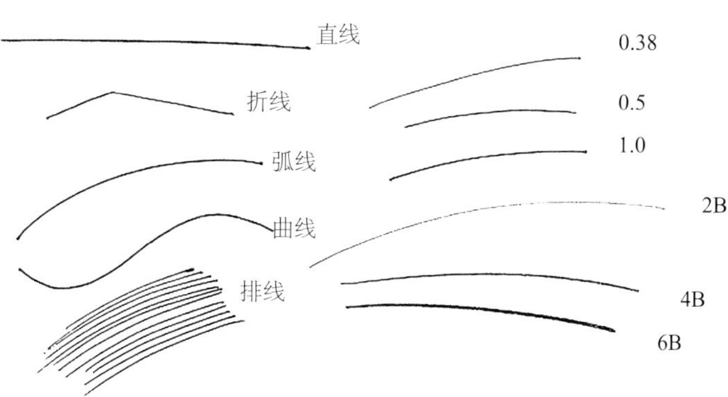

图 3-6　一些常用线条及粗细效果

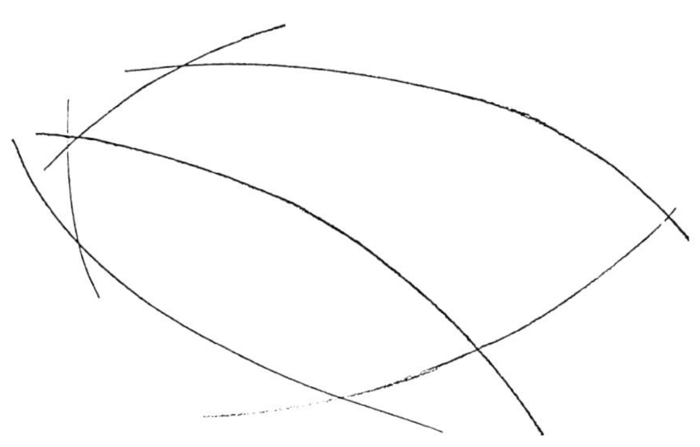

图 3-7　绘制汽车时的辅助线　任成元

图 3-8　手绘汽车单线表现草图　任成元

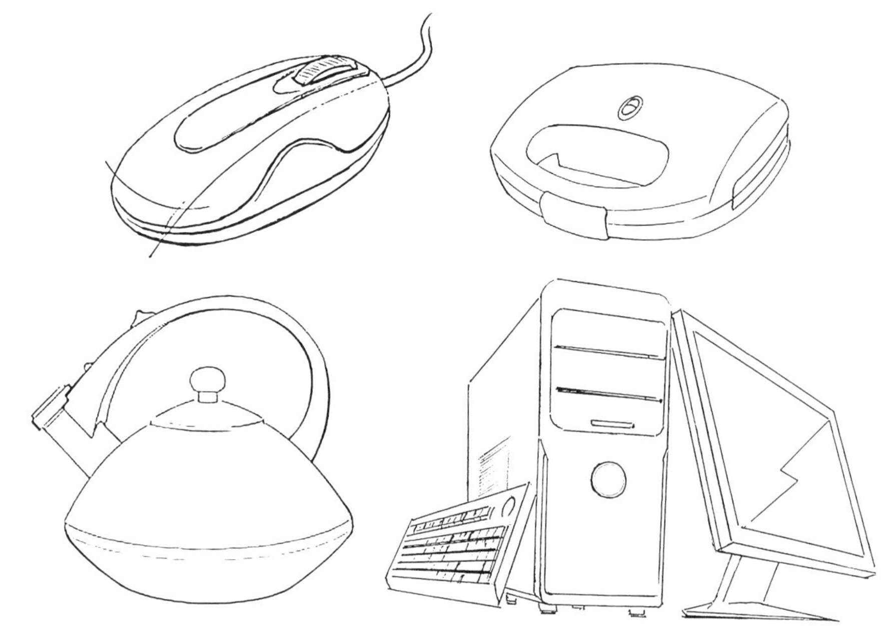

图 3-9　不同产品手绘单线表现草图　学生作品

图 3-10　手绘汽车单线表现草图　任成元

二、轮廓线的表现

产品的外轮廓一般用粗线条表现，内部细节用细线条表现。这样加强对比，强调造型轮廓的形，能够使产品效果图充满视觉冲击力。轮廓线的表现用线要流畅，表现视角以突出造型为目的，结构线要明确（图 3-11 ~ 图 3-14）。

三、阴影的处理

在用单线绘制完成后，添加阴影，可以加强画面的立体空间感与稳定性。阴影的绘制一般顺着背光面或背光面底部画出。在符合光影物理规律的同时，根据产品的形态可以主观处理效果图的阴影效果，有的放矢（图 3-15 ~ 图 3-17）。

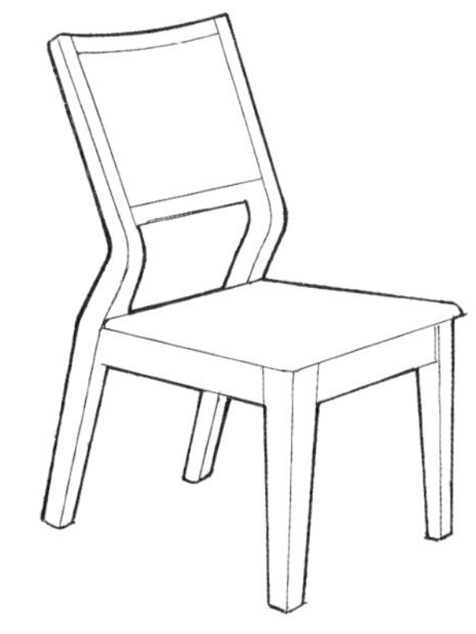

图 3-11　轮廓线的表现草图　学生作品

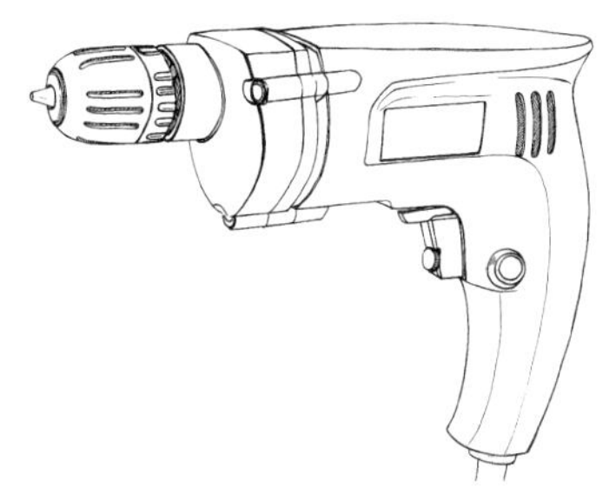

图 3-12　轮廓线的表现草图学生作品

图 3-13　轮廓线的表现草图
学生作品

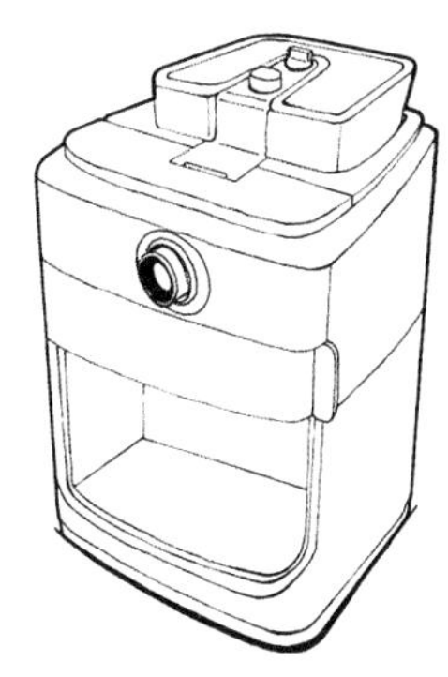

图 3-14　轮廓线的表现草图学生作品

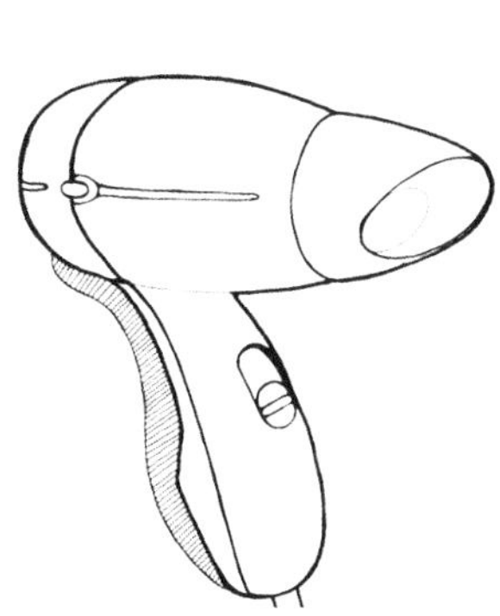

图 3-15　阴影的处理效果　学生作品

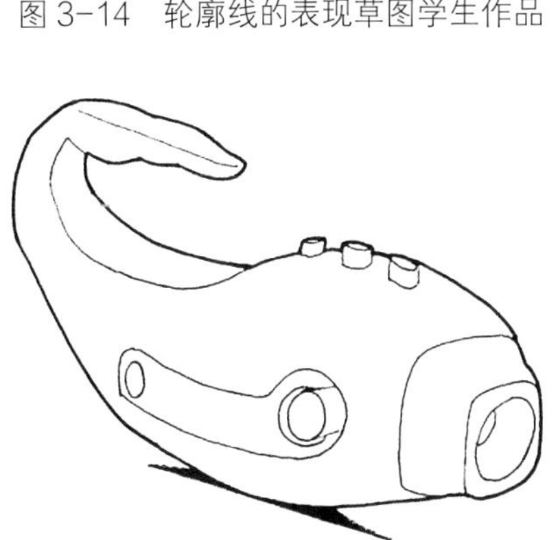

图 3-16　阴影的处理效果　学生作品

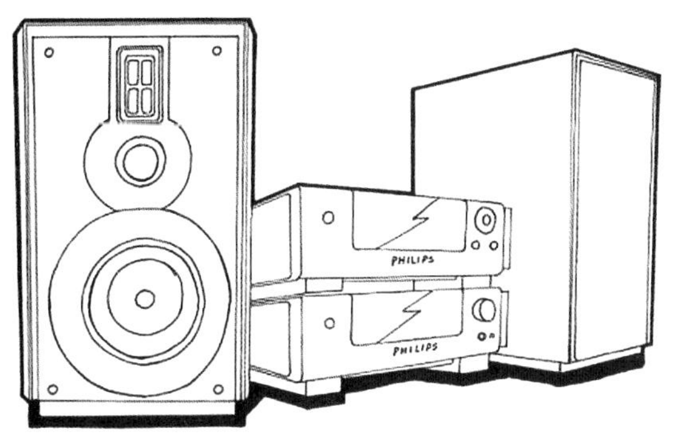

图 3-17　阴影的处理效果　学生作品

四、背景排线的处理

背景可使得产品主体突出。根据产品造型，可适当调整背景的面积大小与位置，有效利用视觉关系，从而突出产品特征（图 3–18 ~ 图 3–22）。

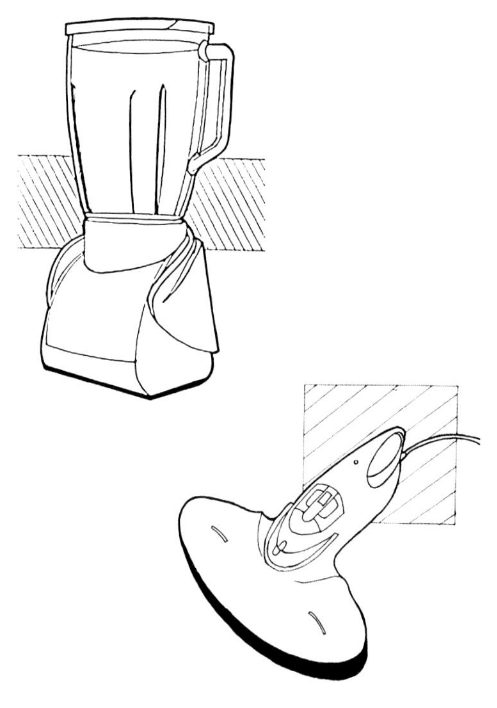

图 3–18　背景排线的处理效果　学生作品

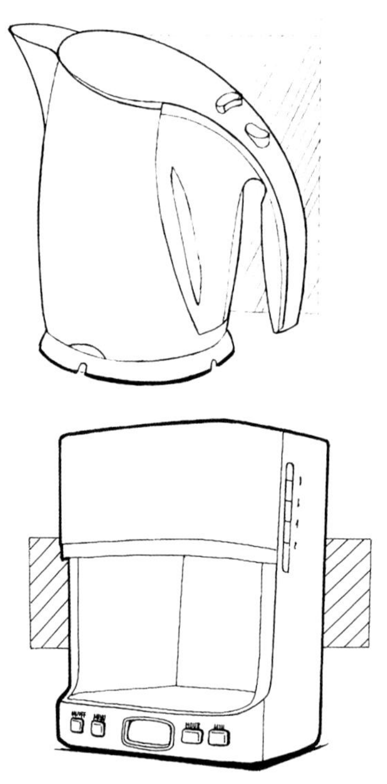

图 3–19　背景排线的处理效果　学生作品

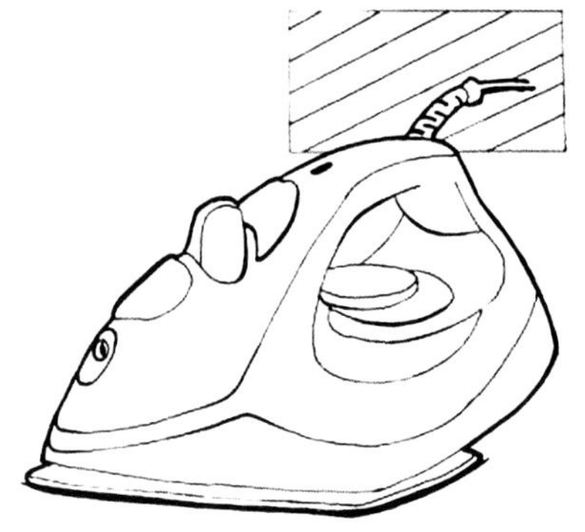

图 3–20　背景排线的处理效果　学生作品

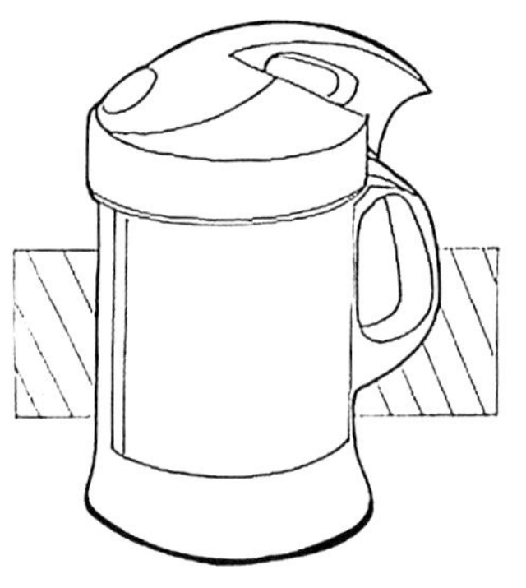

图 3–21　背景排线的处理效果　学生作品

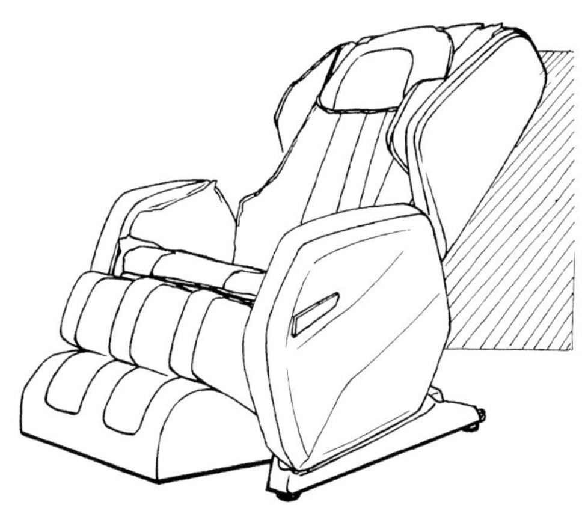

图 3-22　背景排线的处理效果　学生作品

第二节　光影手绘表现

在手绘设计效果图中，光影起到辅助性作用，借助投影的明暗关系可以更好地突出产品的形体结构。所以在手绘效果图中，光影的表现很重要。

光影关系也可称为素描关系或者明暗关系，是体现空间层次感重要的表现手法，三大面（亮面、灰面、暗面），五大调（亮面、灰面、明暗交界线、反光、投影）是其基本要素。但在手绘效果图中我们不用画得特别详细，画面具有素描关系即可。

体块光影分亮部、灰部、暗部、投影四部分。

暗部光影一般都要自定光源，不被环境光所影响，为增强画面感及结构不被混淆，亮部、灰部不宜过多排线，主要靠暗部、投影的排线来呈现光影关系。

地面投影是光源照射物体，在地面上产生的光影区域，它在画面中是色调最重的部分，让物体有落在地上的感觉。要注意渐变关系的处理，它是纵深感的体现。地面投影的表现不用像画几何形那样严格，将光影的来源交代清楚即可。

一般画质感比较强的材质时，需要认真刻画细节，黑白对比要强烈一些，两边留出白色的边，真实的光影也是如此，这样表达更饱满。但需要注意的是，画面中不宜多处这样表达，很容易造成“花”的效果，所以只需要选择一些比较重要、主要的部分进行刻画即可，其他地方弱化表现。

区分光和影主要是通过明暗交界线，有光就会有影，有影就有明暗交界线。根据素描调子概况性地添加光影，可以使画面效果更加丰富，图3-23、图3-24是光影表现效果。

为丰富光影的表现效果，添加背景可以起到烘托产品的作用。但背景尽量简单勾勒表现，不宜画得太过繁复，用色要稍浅于前面的产品图，以拉开远近、虚实关系，突出层次感（图3-25）。

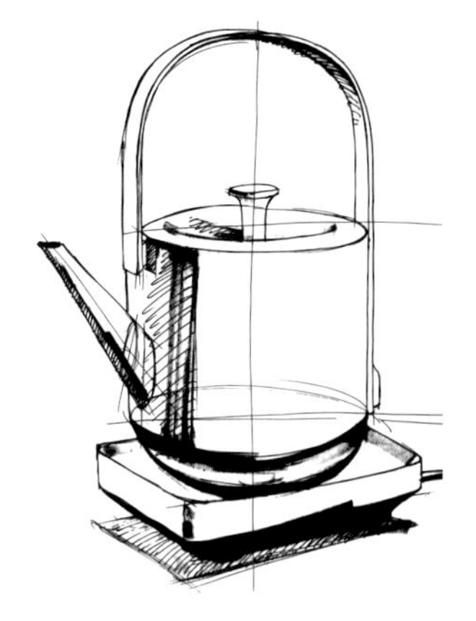

图3-23 光影手绘的表现效果 学生作品

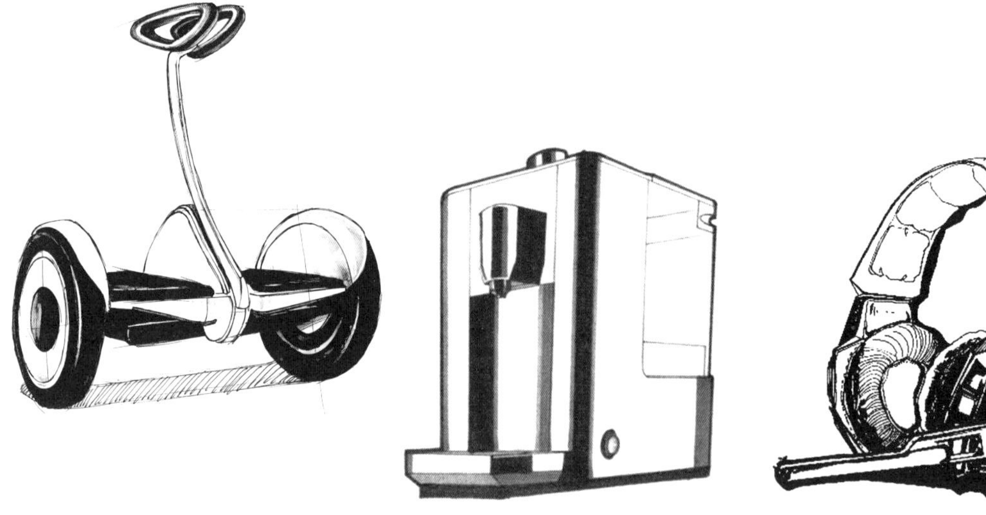

图3-24 光影手绘的表现效果 学生作品

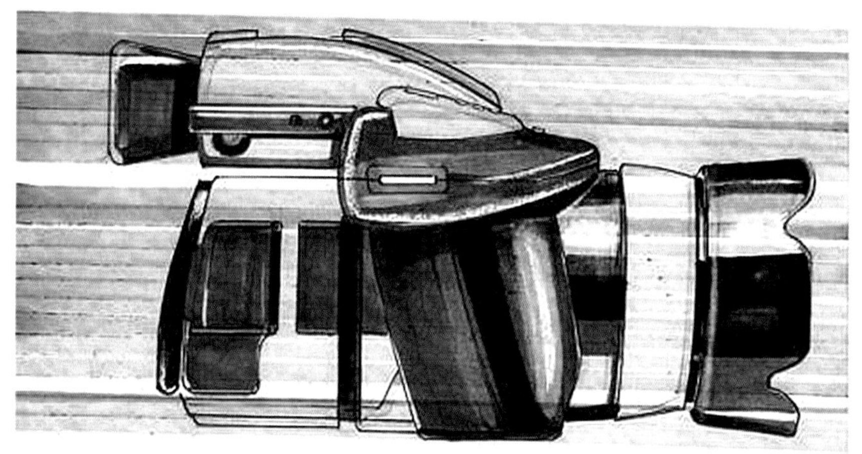

图3-25 添加背景的处理效果 任成元

背景始终是起到衬托主体的作用，一般在画背景时可根据产品的不同风格来考虑其面积、形状、位置、色彩等要素。

第三节　淡彩手绘表现

色彩在整个产品的形象中，最先作用于人的视觉感受，可以起到“先声夺人”的作用。产品色彩如果处理得好，可以协调或弥补造型中的某些不足，容易博得消费者的青睐；反之，产品色彩如果表现不当，不但破坏了产品造型的整体美，而且很容易影响消费者的购买情绪。

色彩是产品设计中重要的元素，不同类型的产品，可通过不同的色彩进行展示，例如，照相机、卡车等类型的产品，色彩运用比较稳重，色彩语言可相对单调一些；流行性较强的手机、吸尘器等日用品，色彩语言可相对丰富、活泼一些。用色彩传达产品的特点，渲染、营造一种氛围，是效果图表现的要点。

在表现效果图时，我们要适当运用色彩知识，使画面既丰富，又有明确的关系。

一、色彩表现要点

一般画面中的色彩不宜太多，以一种色彩为主色调，辅以 2 ~ 3 种颜色就足够了。

画面色彩应着重于整体表现，不协调的颜色混用会导致画面混乱，让人看不出产品的色彩倾向。

强调色彩的明暗关系，注重立体感的塑造。

注意留白，恰当的留白胜过大面积的涂色，注意强调明暗交界线处的色彩表现。

落笔尽可能干脆、轻松，笔触应有适当的粗细、方向、长短变化。笔触运用的趣味性可以增强画面的感染力和艺术气氛。虽然色彩是控制画面效果的主要因素之一，但需要注意的是：效果图的用色情况不同于绘画中的色彩表现，也不需要考虑太多的色彩关系，也不需要过多地表现色彩微妙的变化。

画完轮廓线及结构线之后，即可对产品效果图进行上色，淡彩形式是效果图表达最直接的方式之一。淡彩形式是一种快速的色彩表现形式，以简洁的方式处理产品的色彩效果，以渐变的形式来表现产品的色彩和明暗变化。颜色的倾向和色彩关系不用表现得太丰富，主要以单色的形式进行表现，上色过程中尽量减少颜色变化，同时要注意环境色的影响。在上色时，颜色不要涂满画面，适当留白，避免画面显得过于呆板。

二、笔触

指画笔接触画面形成的线条、色彩和图像。作画时笔触不宜来回涂抹，尽量方向一致，灵活运用笔触可形成点、线、面的效果表现。笔触是对光影规律表现在产品上的归纳，当光照射在物体表面时，会产生反射，表面光滑的材质，反射越强；相反，表面粗糙的材质，反射相对较弱。表现反光时，可以在原有排线成面的效果上加一笔或几笔反光线，笔触可以是弧线，这样能使画面效果显得灵活、轻巧（图 3-26、图 3-27）。

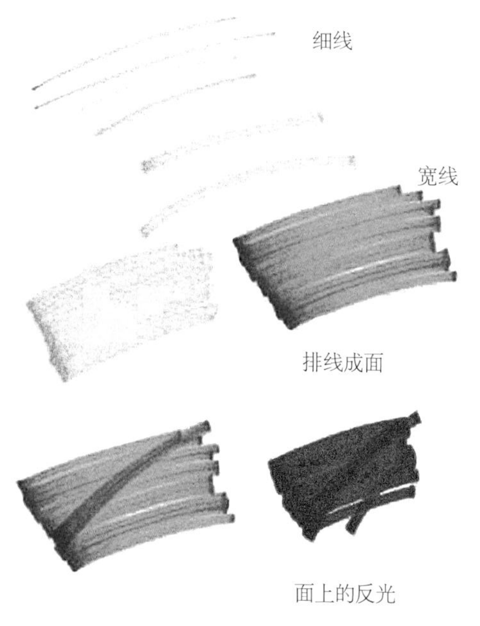

图 3-26　不同笔触的表现效果

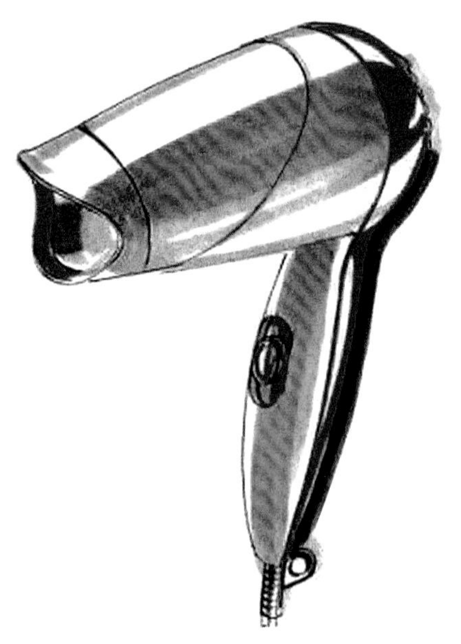

图 3-27　笔触的表现效果　任成元

根据光影关系，笔触要顺着产品的结构轮廓进行上色，根据设计师的设计安排，色彩一般也会随形体有所变化，目的是为了区分各部件结构，突出产品的功能。

为突出产品效果，色彩一般采用高纯度颜色进行上色，明度随着光影的变化而改变。在光照强的位置一般是留白，以便于表现材料的质感以及高光等细节（图 3-28、图 3-29）。

图 3-28　淡彩手绘的表现效果　学生作品

图 3-29　淡彩手绘的表现效果　任成元

三、背景处理效果

背景的处理是产品效果表达的组成部分，好的背景可以起到突出产品，强化视觉中心的作用。一般情况下背景处理有以下三种形式（图 3-30、图 3-31）：

（1）单色背景。从疏到密排线，形成渐变关系，目的是调整视觉中心的同时还可以产生空间感。

（2）单色背景。中间密两边疏排线，形成远距离背景，产品从背景中跳出来。

（3）双色背景。有利于活跃气氛，但处理时，背景的色彩强度不要抢过前面要表达的产品主体，可以使用明度渐变，以拉开空间感。

图 3-30　背景处理效果

图 3-31 背景处理应用效果 马经纬

在这个感性的消费时代里，消费者购买产品除了满足物质需求之外，也希望能满足精神上的期待。色彩是感性的，色彩语言浸透在人们生活中的多种情绪里：激情的、忧伤的、喜悦的、恬静的等；多种性格里：开朗的、活跃的、稳重的、细腻的、自由的等；多种感觉里：硬、刚、软、热、亲切、舒服等；多种联想与象征里：科幻的、高端的、霸气的等。因此，产品的色彩设计要注重情感方面的表达，设计师要根据目标消费群的性格、偏爱、兴趣等进行产品设计，使最终的产品能给人以轻松、愉悦、情趣、幽默、积极等心理感受。可见合理、恰当地运用色彩，可以有效地提升产品价值，提高人们生活品质。

色彩是最直接传递信息的视觉感官符号。当代美国视觉艺术心理学家布鲁墨说："色彩唤起各种情绪，表达感情，甚至影响我们正常的生理感受。"不同的颜色，对人产生的心理感受是不同的，如温度感、情绪感、轻重感、软硬感、胀缩感、远近感等，所以设计师要了解并掌握色彩的视觉心理并灵活运用。

第四节　创作思维表达

产品设计是一个将人的某种目的或需要转换为一个具体的物理形式或工具的过程，是把一种计划、规划设想、问题解决的方法，通过具体的载体——以美好的形式表达出来的一种创造性活动过程，通过多种元素如线条、符号、数字、色彩等方式的组合把产品的形状以平面或立体的形式展现出来。

产品设计步骤：

（1）分析市场上现有产品的特征及市场情况。首先要分析市场上其他品牌类似产品的主要特征有哪些，这是一个分析判断的过程，甚至要提前了解其他企业未上市产品的特征，找出这些产品的主要功能参数、结构原理，每一个产品与其他产品之间不同的主要特征，然后根据其他产品的特点，确定本企业所要开发设计的产品如何在同类产品中同中求异，创造产品的差异空间。

（2）现有产品特征的分类。每一个产品都具有许多特征，如产品的功能、质量、性能指标、大小、结构、材料、形态、价格、商标等。首先应对每一个产品的特征进行分类，具体的分类可以从宏观的角度进行，也可以从具体的技术方面进行，如安全性、可靠性、工艺性、成本等。然后按照消费者关心的程度进行排序，从中确定出若干个消费者最为关心的特征项目。这些消费者最关心的特征项目是确定产品主要特征的基础，也是进行产品创意设计时要最为关注的重点。

（3）建立产品特征空间示意图。在产品的重点特征确认之后，可以针对不同的类别将市场上现有产品的特征展开形成一个产品的特征空间示意图，由于不同的产品特征不同，在这个产品特征空间示意图中就会形成不同产品在空间上的不同位置，也就形成了不同产品的差异空间。这个差异空间主要以二维平面空间为主，可以形象地把产品的各个特征展示在这个平面内，有利于对产品特征的分析。由于产品特征的分类不同，对一个产品可以建立多组不同的差异空间示意图，可将产品的相关特征信息视觉化以便分析和决策。

（4）确定本产品在产品特征空间的位置。比较分析现有市场中各种产品的信息，通过对众多竞争产品的特点及差异性空间的比较进行分析，可以确定要设计的产品应处于产品特征差异性空间中的何种位置才是最有利的，才能同中求异，并与企业的自身特点相适应，既能满足产品的基本功能的需求，能带给消费者不同的视觉形象和心理感受，从而形成该产品的竞争优势。在产品本身的特点确定以后，就能形成产品创意设计的初步概念，有了产品创意设计的初步概念，就有了展开设计方案的前提和基础。

一件产品只有具备了自己的特征后，才能在激烈的市场竞争中处于有利的地位，满足消费者独特的消费需求。因此，产品的创意设计定位，就是要确定所要设计的产品在哪些方面异于其他企业的同类产品，这种差异性的空间有多大。产品差异空间的大小，决定了产品与其他产品竞争时空间的大小，产品的差异空间越大，产品在市场上面临的竞争压力越小，反过来，产品的差异空间越小，产品在市场上面临的竞争压力越大。选择产品差异的类别和大小必须以市场的消费为导向，同时结合企业自己的设计、生产制造、工艺以及经济条件来共同决定。当产品的差异空间位置确定后，实际也就确定了产品创意设计时的目标定位。

产品设计师从事的是创造性的工作，所以脑子里常常装着许多问题与求解，并时常带着发明创造的动机与激情，为解决这些问题不懈努力，不断地将理想变成现实。手绘图比较突出的优势就是可以灵活地表现出设计师的设计灵感、理念和产品的使用情景展示。

设计灵感是比较抽象的内容，更多的是动态的思维过程，设计师在构思过程中，可以把设计的思维过程、灵感来源和设计演变的动态过程，以及不同的思路方案运用手绘的形式即时地记录下来进行比较。手绘效果图中设计灵感的表现需概括、简练、抽象，要求把设计灵感来源和演变为成熟设计的过程表达出来。演变过程表现可以简化细节，重点突出灵感创意部分。

灵感本身是人们思维过程中认识飞跃的心理现象，一种新的思路突然闪现。简而言之，灵感就是人们大脑中产生的新想法，是创造性思维的结果。

灵感源是一个人如何进行捕捉保存、挖掘提炼、开发转化、实现价值，让灵感得到深化，才会有深度。

构思是设计的灵魂。人在构思过程中，思想是以模糊的形象出现的，而这一形象在成为具体的形态过程中，有一个叫“第六感”的东西在影响它，这可称为“灵感”，因此，构思实际上是在想象和灵感的基础上，同设计师以往的经验、知识、技巧结合，并加以提炼、推理，最终塑造出新艺术形象的过程。

对于设计师而言，灵感是一种独特的思维活动，没有灵感也就没有创作。灵感实际上是设计师潜意识的直觉性顿悟，是一种突然发现的心理奇迹，它预示着创造性高潮的来临。灵感不是从天而降的，它来源于任何地方，也产生在任何时刻。

灵感来源于对生活的热爱，浩瀚的自然界和人类社会生活充满着艺术可以吸取的素材和灵感。设计师要培养、训练一双独特的慧眼，从平凡的事物中发现别人没有发现的美，经过筛选、观察和体验，让艺术的灵感瞬间而来，并迅速抓住，以草图和文字的方式记录下来形成最初的构思，再进一步补充、完善，创作出完美的作品来。由生活中得到感受而触发灵感，由灵感转化为构思，然后把构思予以表现，这便是设计中的灵感与构思。

产品的设计思路与方案需要经过反复推敲、论证并不断修改，在这个过程中，产品手绘效果图就起到了非常重要的作用。手绘效果图能够充分地展现出设计师的设计理念，能够很好地体现设计师的设计意图，体现很好的沟通功能，体现产品在使用功能的创新以及造型上的审美性（图 3-32 ~ 图 3-58）。

对于设计师来说，设计是一个不断颠覆的思考过程，一般人所见到的仅仅是一种以具体而形象的方式展示给大家的最终成果，但是在整个构思的过程中，设计师是离不开图示的分析和比较的。一个有创意的设计，其灵感的火花是在思维与表现的反复否定与肯定中碰撞出来的。大脑中存在的抽象形象只有变为具体的形象，才能供人们交流与思考。所以，对于设计师而言，如何将自己独特的设计构思快速、准确、客观地表达出来，是设计过程中一个十分重要的问题。

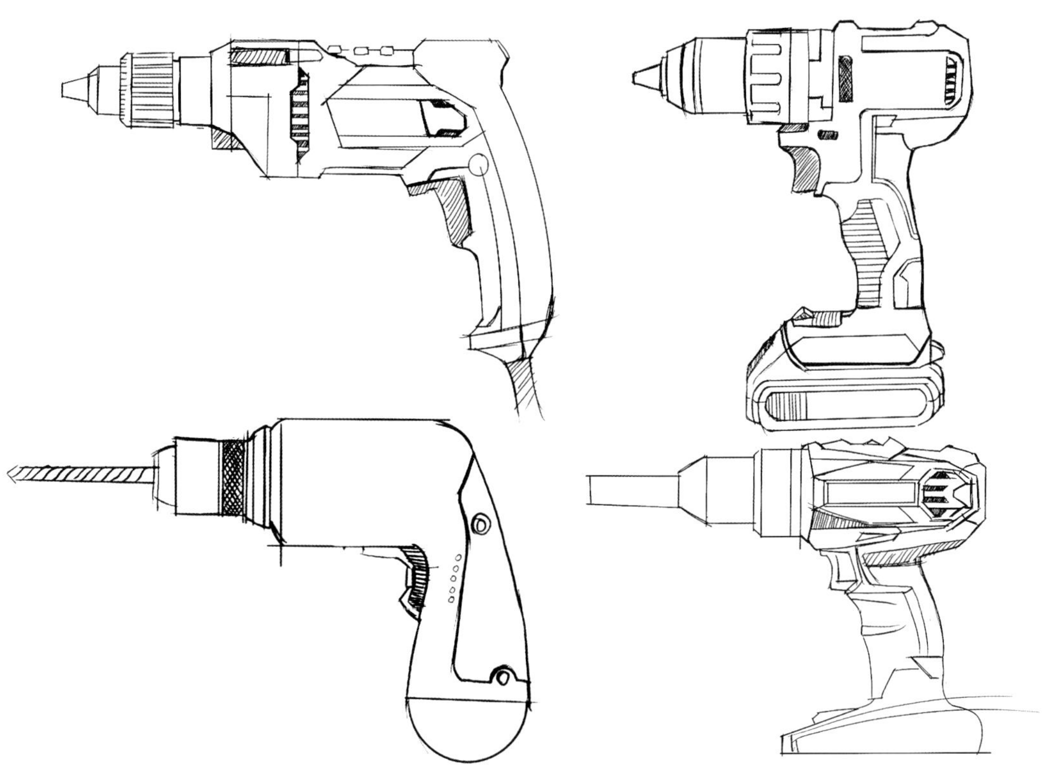

图 3-32 手钻设计草图 张建

图 3-33　香水瓶设计草图　学生作品

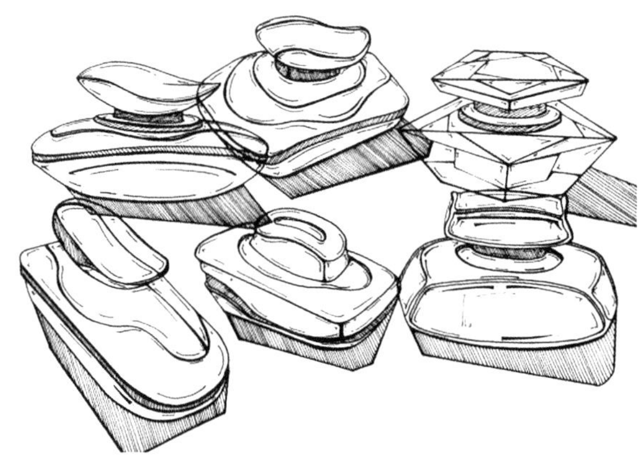

图 3-34　香水瓶设计草图　学生作品

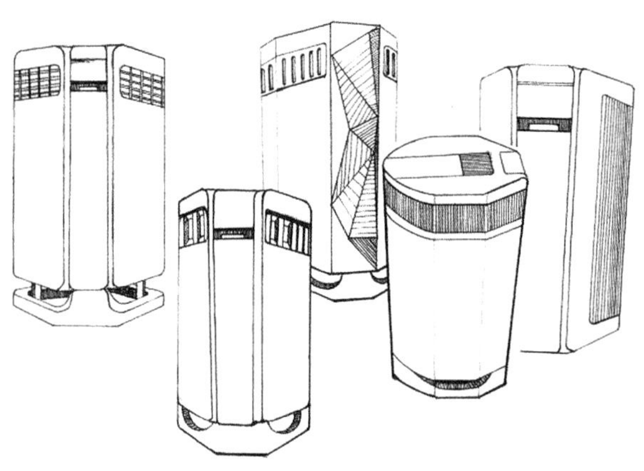

图 3-35　净化器设计草图　学生作品

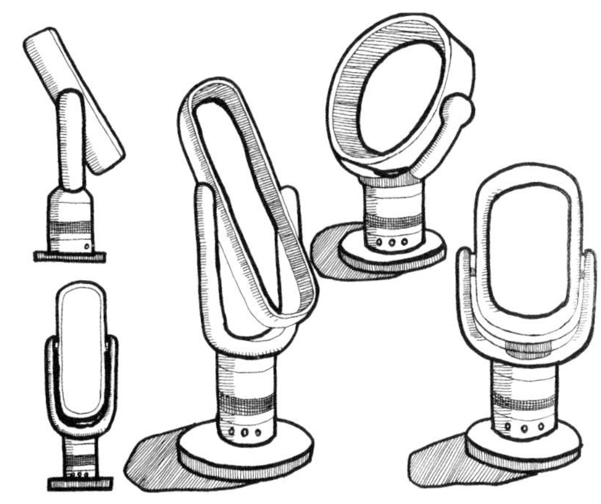

图 3-36　无叶风扇设计草图　学生作品

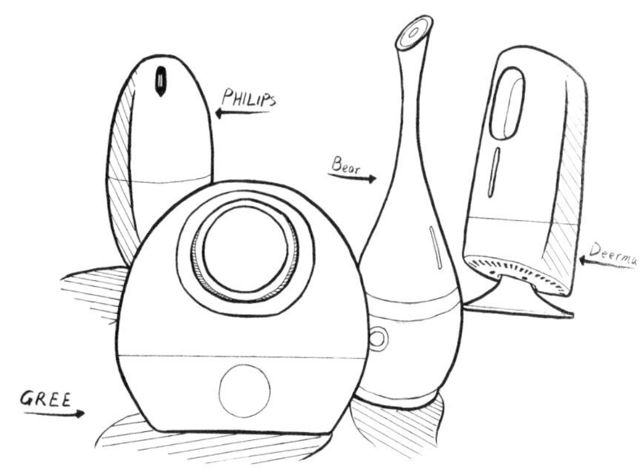

图 3-37　净化器设计草图　郭恺妮

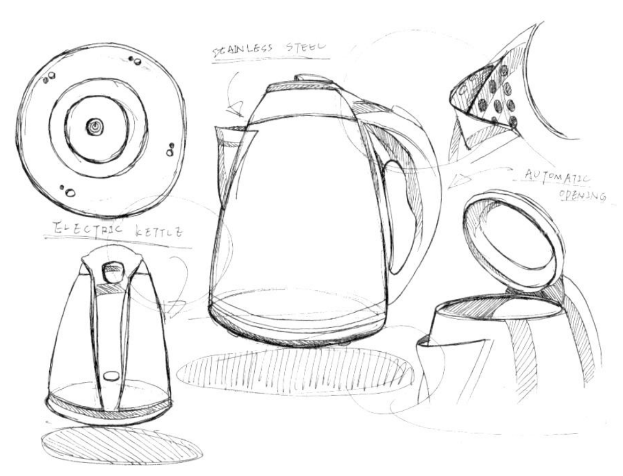

图 3-38　多功能水壶设计草图　学生作品

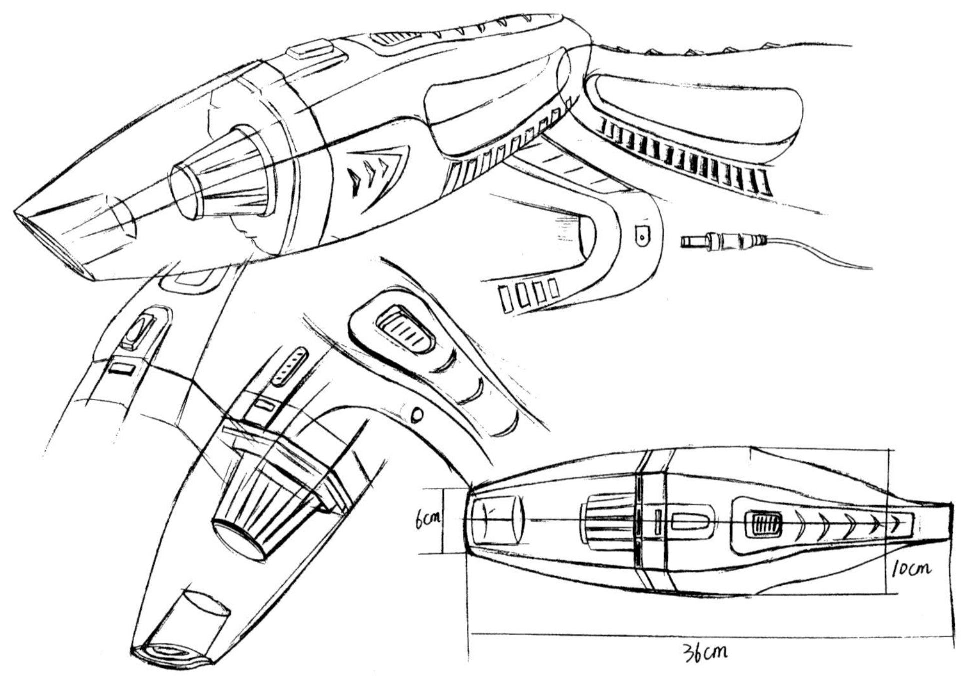

图 3-39　手持吸尘器设计草图　学生作品

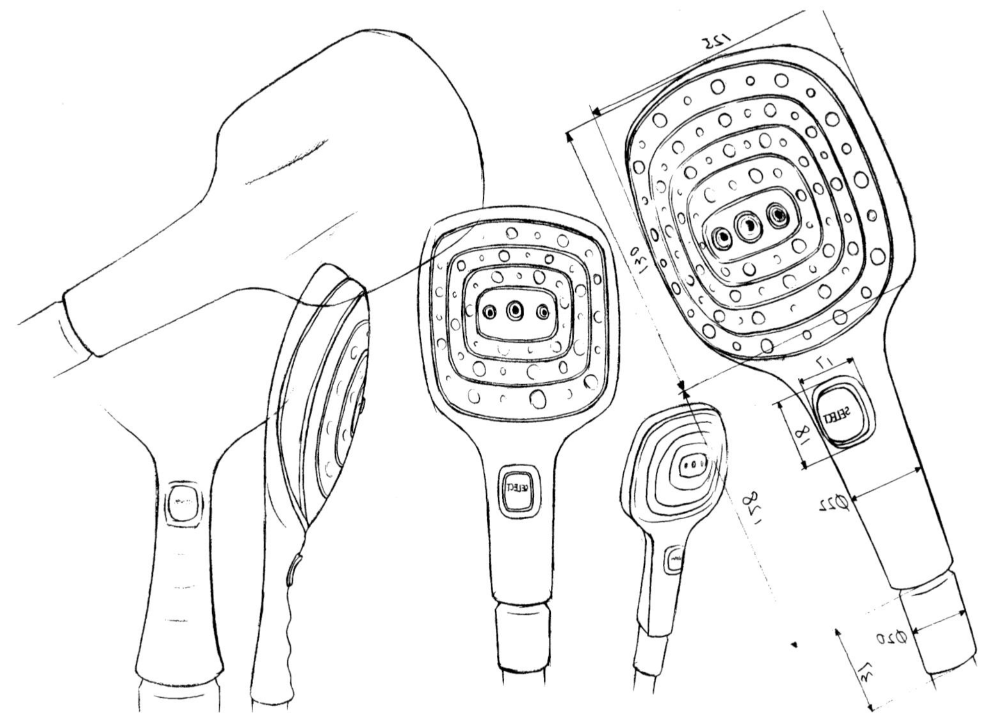

图 3-40　花洒设计草图　学生作品

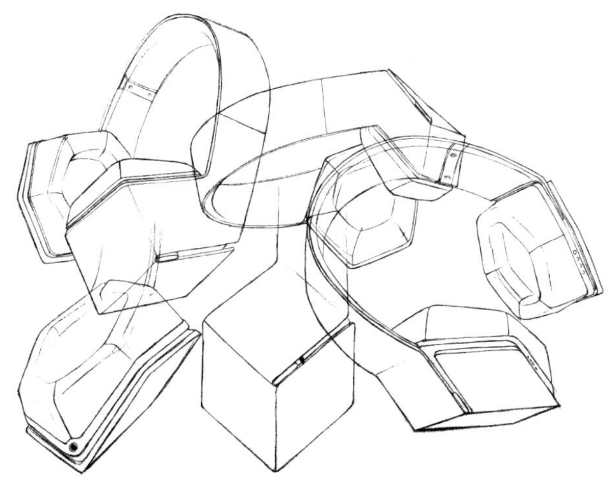

图 3-41　耳机设计草图　学生作品

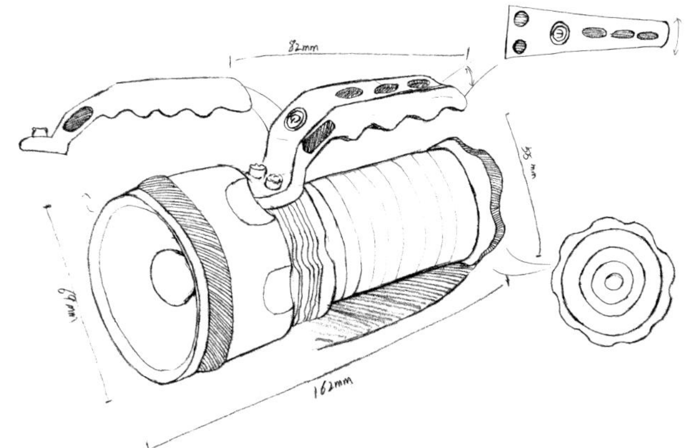

图 3-42　手电筒设计草图　学生作品

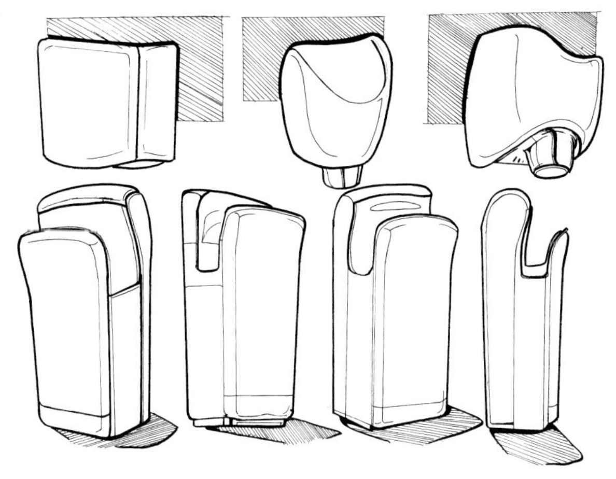

图 3-43　干手机设计草图　学生作品

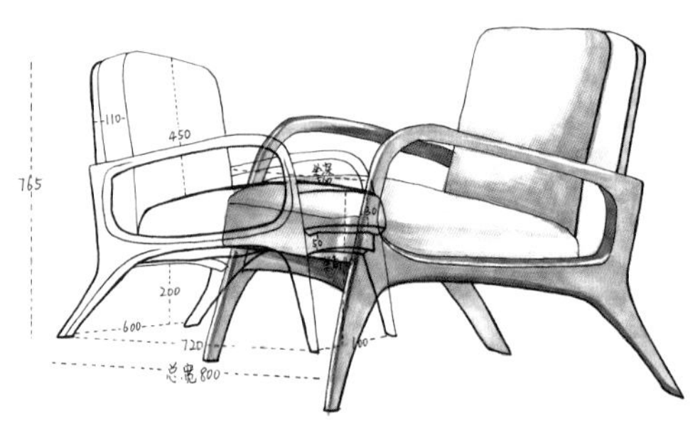

图 3-44　座椅设计草图　陈成伟

图 3-45　电饭煲设计草图　学生作品

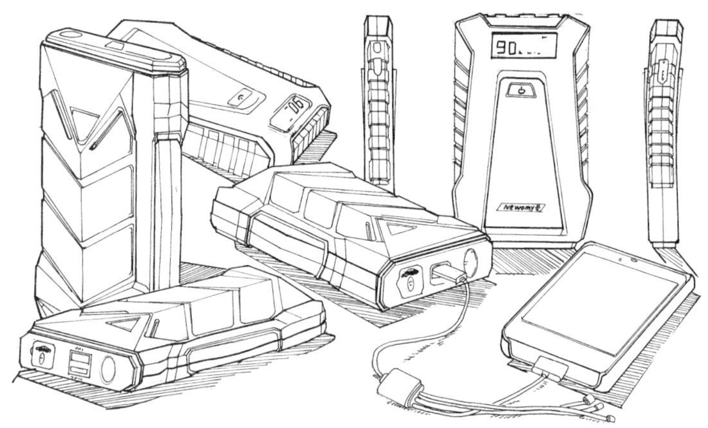

图 3-46　充电宝设计草图　学生作品

图 3-47　书包设计草图　张思琪

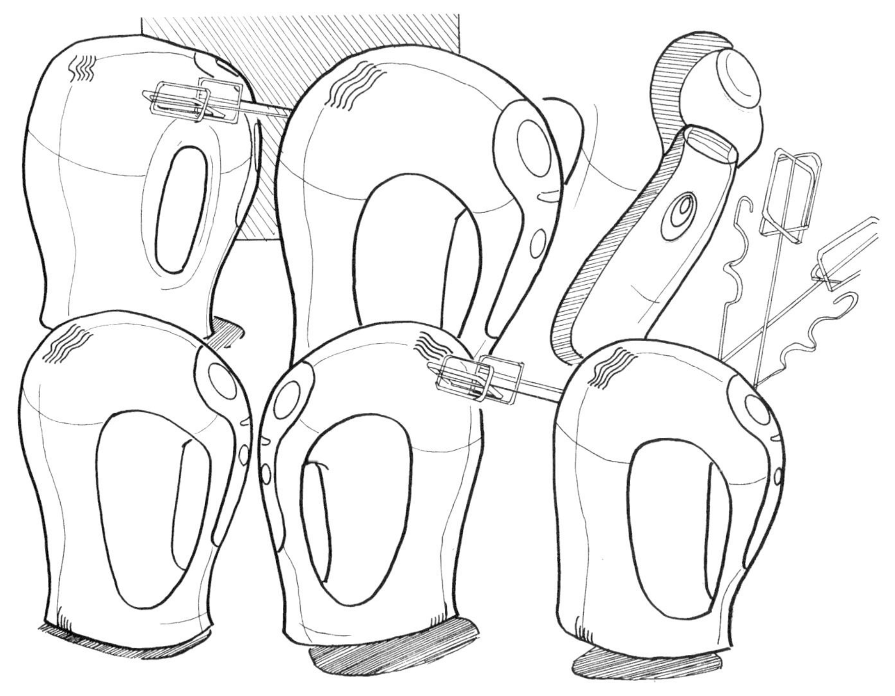

图 3-48　打蛋器设计草图　学生作品

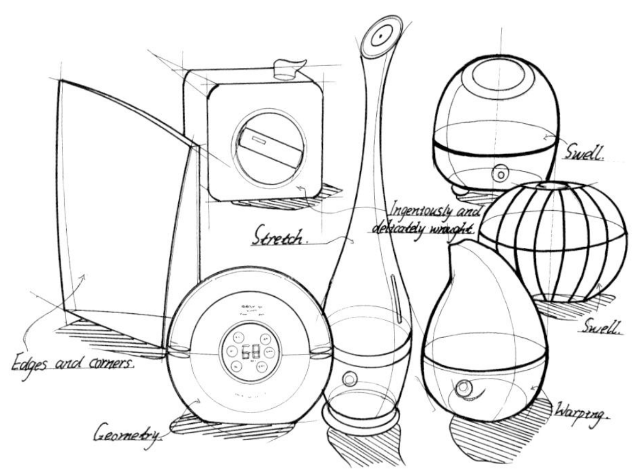

图 3-49　加湿器设计效果图　学生作品

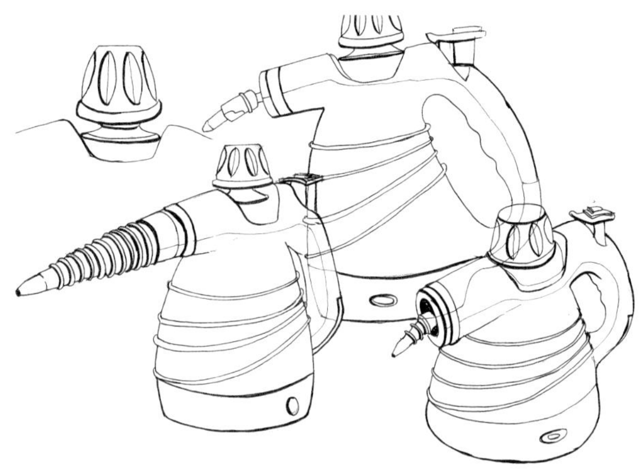

图 3-50　蒸汽清洁机设计草图　学生作品

图 3-51　座椅设计草图　学生作品

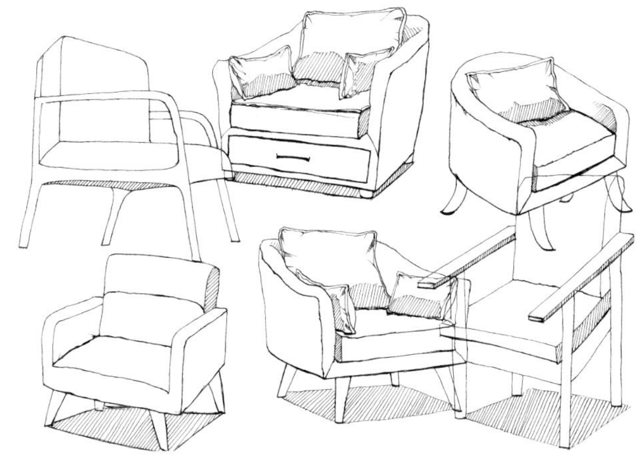

图 3-52　座椅设计草图　学生作品

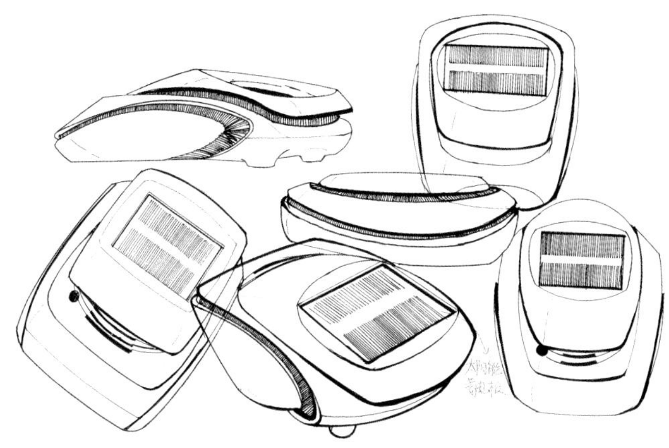

图 3-53　太阳能设备设计草图　学生作品

图 3-54　水壶设计草图　张建

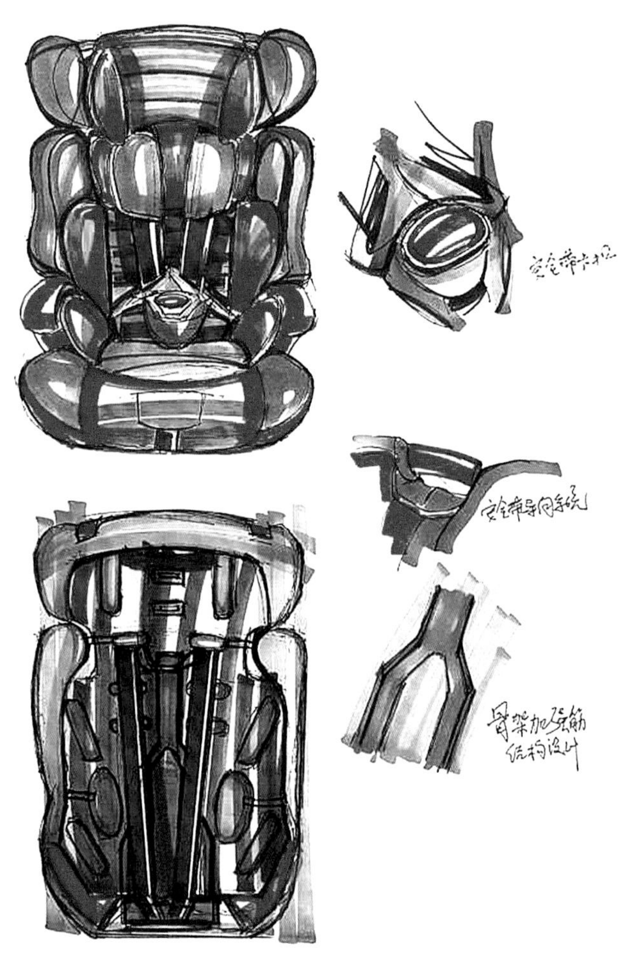

图 3-55 儿童安全座椅设计草图 任成元

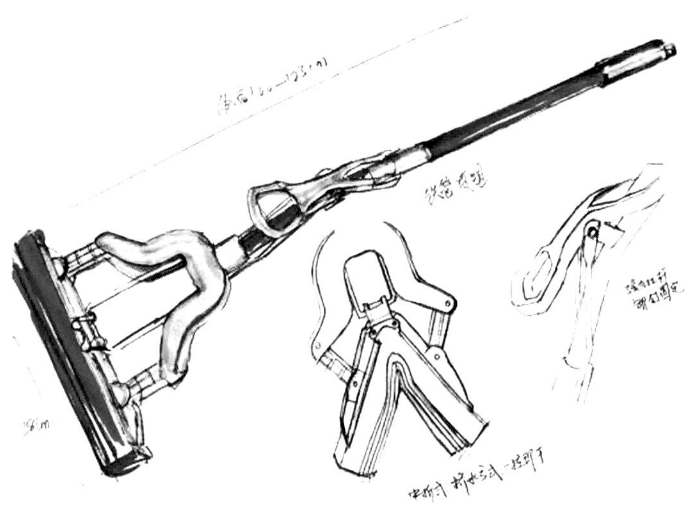

图 3-56 吸水拖把设计草图 任成元

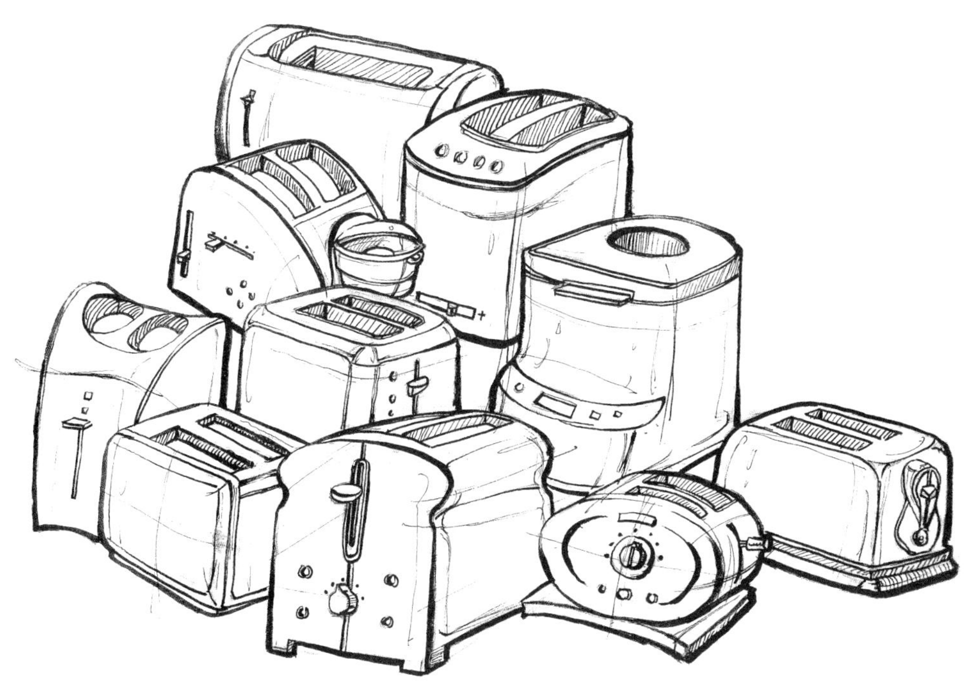

图 3-57　面包机设计草图

图 3-58　电饭煲设计草图　学生作品

第五节　马克笔手绘表现

马克笔是产品设计手绘效果图中最常用的工具，其具有易挥发性，用于一次性的快速绘图，可画出变化不大、较粗的线条。马克笔的色彩种类较多，有上百种，且色彩的分布按照使用的频率可分成几个系列，其中常用的不同色阶的灰色系列，使用非常方便。它的笔尖一般有粗细两种，还可以根据笔尖的不同角度，画出富有变化的线条来。马克笔具有作画快捷、色彩丰富、表现力强等特点，利用马克笔的各种特点，可以创造出多种风格的产品表现图来。用马克笔绘制产品效果图时，一般先用签字笔（针管笔、钢笔）勾勒好产品表现图的线稿，然后用马克笔上色。油性的色层与墨线互相不遮掩，而且色块对比强烈，具有很强的层次感。要均匀地涂出成片的色块，需要快速、均匀地运笔。要画出清晰的边线，可用胶片等物体做局部的遮挡。使用马克笔绘画要放得开，颜色不要重叠太多，否则会使画面显脏。很多时候少量重叠就可以达到很丰富的色彩效果，画面更多强调的是马克笔的笔触变化（图 3-59 ~ 图 3-61）。

图 3-59　马克笔手绘吹风机效果图　学生作品

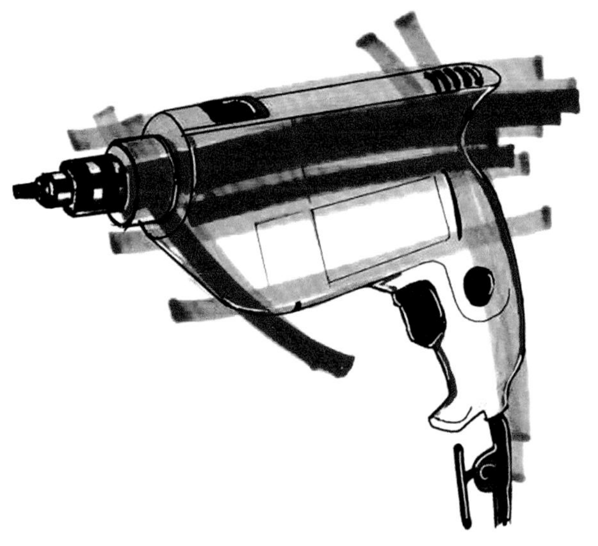

图 3-60　马克笔手绘电钻效果图　学生作品

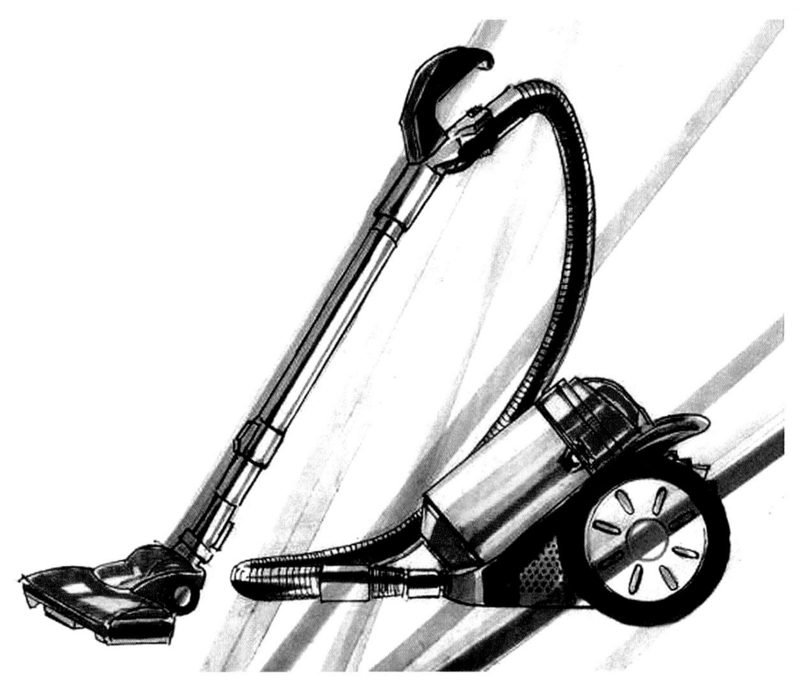

图 3-61　马克笔手绘吸尘器的效果图　学生作品

一、巧用底色绘制效果图

以下为小汽车的马克笔手绘表现绘图过程。

步骤一：先勾勒辅助线。要放得开，不要拘谨，控制好小汽车的透视、位置、比例、造型，线条要流畅、轻松，不要画太重（图 3-62）。

步骤二：单线表现小汽车轮廓。以线条勾勒出小汽车的轮廓线、结构线，以表现出物体的外形及构造（图 3-63）。

步骤三：画出背景。用笔要流畅，背景的颜色要考虑小汽车的颜色及光影的位置（图 3-64）。

步骤四：画出小汽车主体。勾勒要清晰，并控制明暗变化，笔触排线要有力，要根据光影关系组织线条的方向和疏密（图 3-65）。

步骤五：绘制高光。使小汽车从背景中跳出来，然后绘制细节。最后，添加背景及阴影，使画面具有视觉冲击力（图 3-66）。

图 3-62　马克笔手绘小汽车的绘制步骤一　任成元

图 3-63　马克笔手绘小汽车的绘制步骤二　任成元

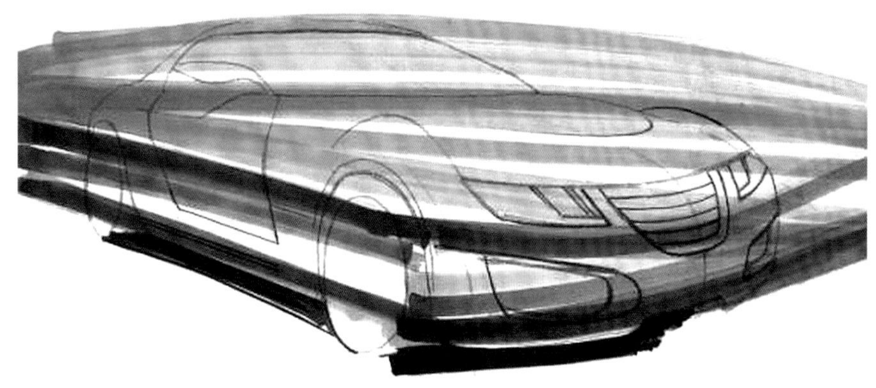

图 3-64　马克笔手绘小汽车的绘制步骤三　任成元

图 3-65　马克笔手绘小汽车的绘制步骤四　任成元

图 3-66　马克笔手绘小汽车的绘制步骤五　任成元

二、顺着结构线、轮廓线直接上色绘制效果图

这类画法较为直接，手法简练、干脆，上色果断，一气呵成，主要突出产品的结构及造型的块面关系，注重笔触效果。

步骤一：锁定大轮廓，用铅笔将 SUV 车的轮廓线切出，辅助线条要流畅（图 3-67）。

步骤二：绘制主结构线，逐步画出各部位细节（图 3-68）。

步骤三：添加光影。用马克笔画出 SUV 车基本的明暗调子，使 SUV 车立体化。在运笔过程中，用笔的遍数不宜过多，要准确、快速。添加色彩，凸显汽车的视觉效果。同时，添加背景，有效运用背景使 SUV 车跳出来。表现时，可灵活运用排笔、点笔、跳笔、晕化、留白等技法，但画面效果需统一（图 3-69）。

用钢笔直接画轮廓线时，要求用笔要流畅，做到胸有成竹，将汽车的轮廓准确描绘出来。顺着轮廓，再用马克笔将暗部及阴影画出，使产品呈现立体感。最后添加产品颜色，画出背景突出产品效果（图 3-70 ~ 图 3-73）。

背景处理主要为了突出产品的造型，所以可以围绕背景轮廓，处理产品的形态。背景可适当填充补色，用于烘托产品（图 3-74、图 3-75）。

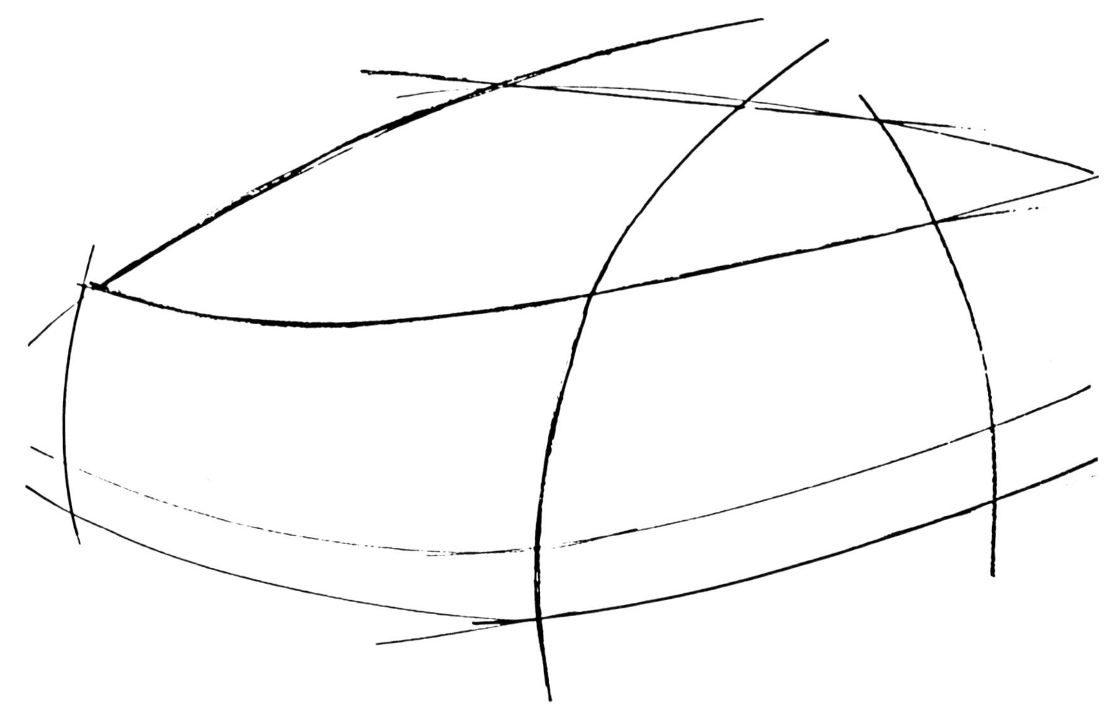

图 3-67　马克笔手绘 SUV 车的绘制步骤一　任成元

图 3-68　马克笔手绘 SUV 车的绘制步骤二　任成元

图 3-69　马克笔手绘 SUV 车的绘制步骤三　任成元

图 3-70　马克笔手绘跑车绘制步骤一　任成元

图 3-71　马克笔手绘跑车绘制步骤二　任成元

图 3-72　马克笔手绘跑车绘制步骤三　任成元

图 3-73 马克笔手绘跑车绘制步骤四 任成元

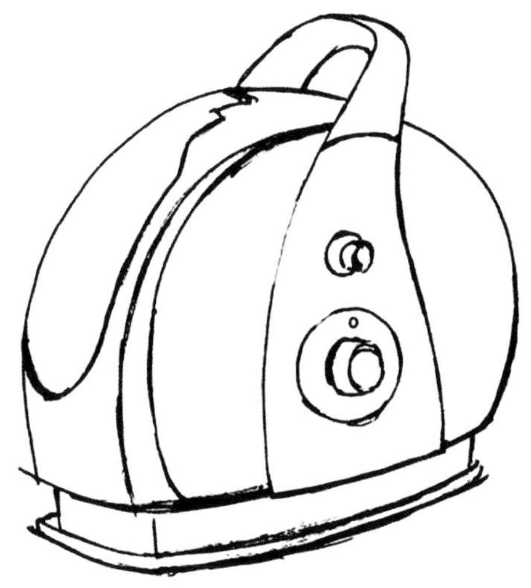

图 3-74 马克笔手绘挂烫机绘制步骤一 任成元

图 3-75 马克笔手绘挂烫机绘制步骤二 任成元

三、材质表现

每一种材质都有它的特点，只要抓住不同的光影特点，才能画出相应的材质特征。例如，表现木纹时，首先画出木纹底色，分出光源和暗部，最后用彩铅或者颜色深一些的马克笔画一些纹路就可以表现出像木纹的效果；不锈钢材质的黑白对比很强烈，反光很明显，在产品设计中要注意表现出这种材质特点。随着社会和科技的发展，材料作为产品存在的基本物质条件之一愈加丰富起来：各种金属材料、无机非金属材料、高分子材料以及各种复合材料等异常丰富，而且各种性能更优良的新材料也在不断地被研发、利用。由于这些材料具有不同的肌理、质地等而拥有丰富的感官品质，同时相对于造型和色彩，它不但作用于人们的视觉系统，而更多作用于人的触觉系统，即能够满足人们对产品的触感体验。

材料的感官特性按人的感觉可以分为触感材质和视觉材质两种。触觉是一种复合的感觉，由运动感觉和肤觉组成，其灵敏度仅次于视觉。通过触觉系统，人们对材料会产生温暖或寒冷、粗糙或光滑、舒适愉快或厌恶不安的认知和感官体验。相对于触觉材质感，视觉材质感具有一定的间接性，它受人们触觉经验积累的影响，材料不同的肌理、透明度、光泽以及质地、形状、体积和色彩等都会产生不同的视觉感受，同时这种视觉感受与观察的距离也有密切的关系。总之，具有不同表面特征的材料具有不同的感官品质和美感体验，如玻璃具有明亮、干净、自由、精致、活泼等感官体验；陶瓷具有高雅、明亮、复古、凉爽等感官体验。它们对丰富产品的形态、功能有着重要意义。

所以，在设计过程中，材料感官应该被强调，以寻求产品的材料与人之间的情感联系，增强产品的吸引力、识别力和感官认知力。目前，应用于产品的材料工艺非常丰富，例如，材料有不锈钢、铝、铝合金、镁合金、ABS 塑料、有机玻璃等类别；工艺有哑光、亮光、镂空、斜纹等不同；特性有柔软、透明、硬挺等区别。另外，色泽也是表面处理的关键，它是以外显的色彩和光泽展示产品面貌。现代众多新工艺的出现不断给传统的材质表现带来许多新的形式和手段，色泽除了是美感的表现，也是展现新工艺、新材料、新科技、新时代的表现。色泽表现要在了解各种工艺手段的基础上进行表现，以新的审美潮流和技术支撑色泽的时代表现力，有效地将色彩与材质结合起来（图 3-76 ~ 图 3-87）。

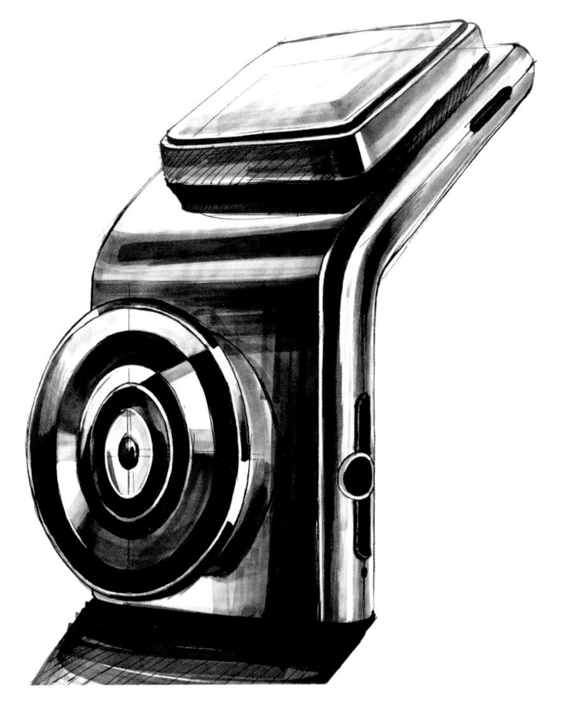

图 3-76　马克笔手绘智能电子锁设计效果图　学生作品

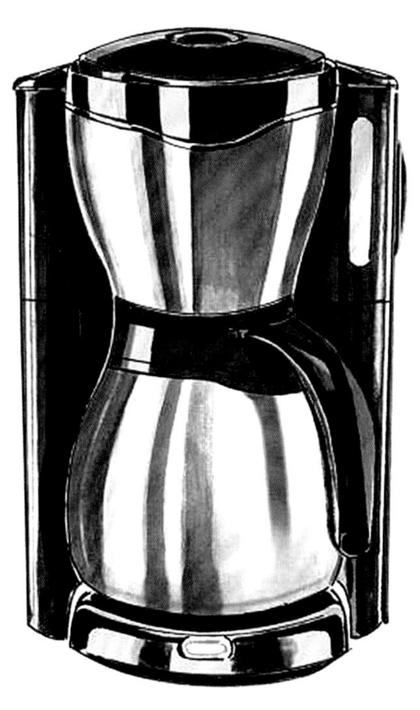

图 3-77　马克笔手绘咖啡机设计效果图　学生作品

图 3-78　马克笔手绘保温壶设计效果图　学生作品

图 3-79　马克笔手绘过滤器设计效果图　学生作品

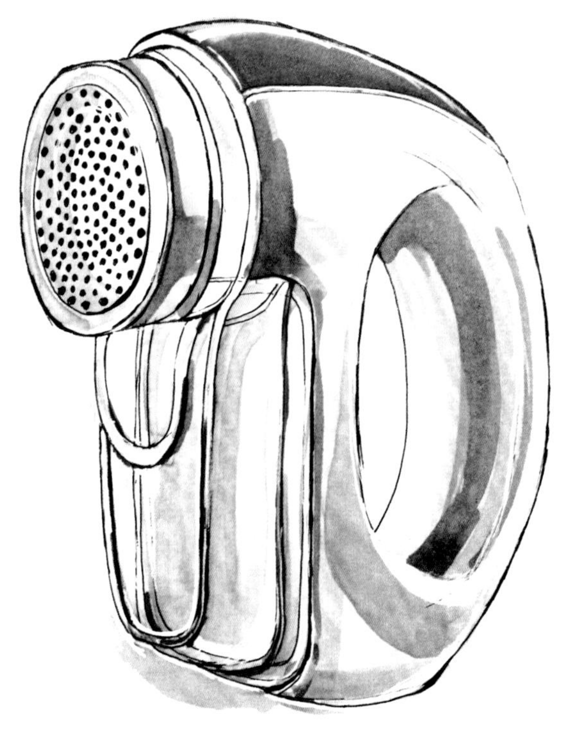

图 3-80　马克笔手绘除球器设计效果图　学生作品

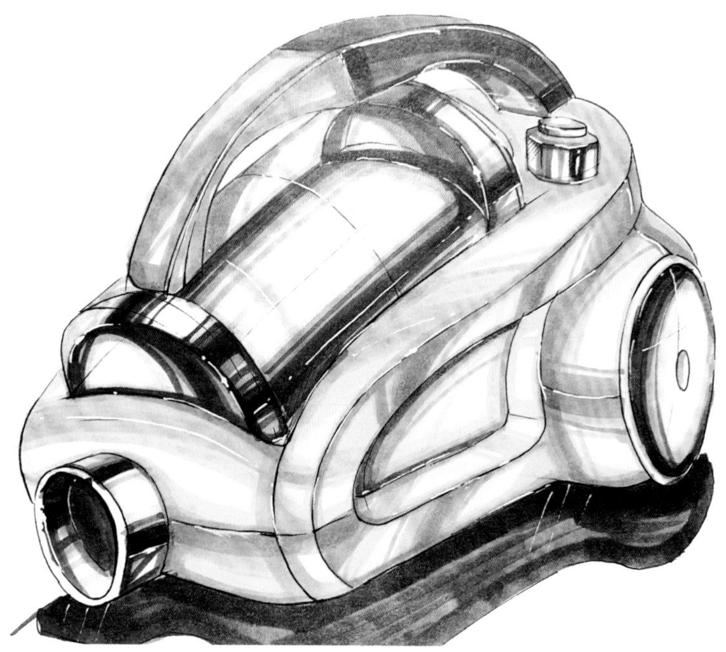

图 3-81　马克笔手绘吸尘器设计效果图　学生作品

图 3-82　马克笔手绘雪地车设计效果图　学生作品

图 3-83　马克笔手绘摩托车设计效果图　学生作品

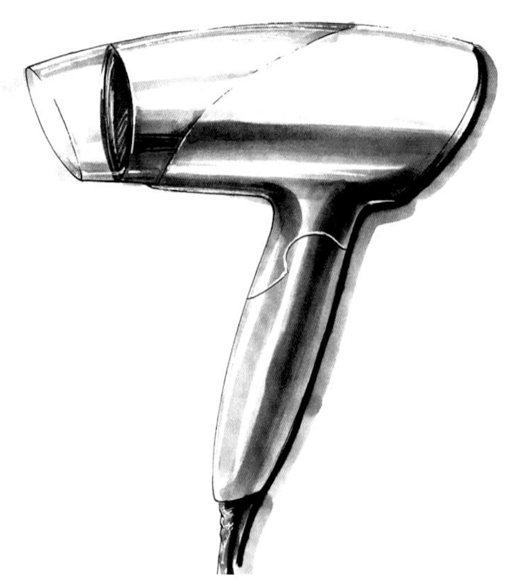

图 3-84　马克笔手绘电吹风设计效果图　学生作品

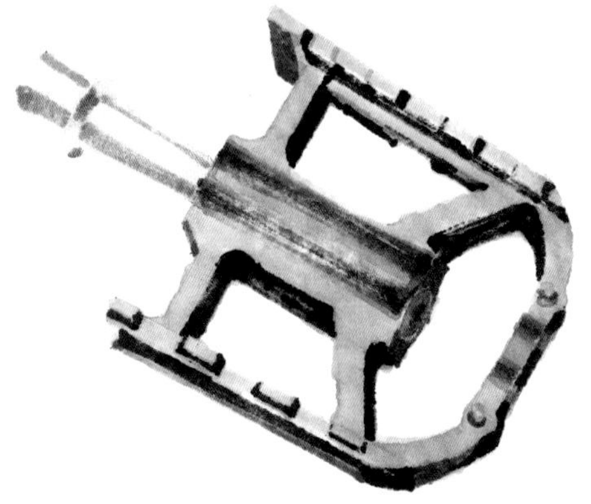

图 3-85　马克笔手绘脚踏板设计效果图　学生作品

图 3-86　马克笔手绘书包设计效果图　学生作品

图 3-87　马克笔手绘背包设计效果图　学生作品

第六节　色粉手绘表现

色粉是彩色粉笔的简称，西方多称软色粉，是一种用颜料粉末制成的干粉笔，一般为 8 ~ 10 厘米长的圆棒或方棒，可画出色调非常丰富的画面。笔触很轻的色粉笔作品，用嘴一吹就能吹掉许多颜色，所以定画液的使用极为重要。

色粉画的表现效果具有独特的艺术魅力，在塑造和晕染方面有独到之处，且色彩变化丰富、绚丽、典雅，最适宜表现变幻细腻的物体，给人以清新之感。色粉不需借助油、水等媒体来调色，它可以直接作画，如同铅笔运用方便。它的调色只需色粉之间互相撮合即可得到理想的色彩。色粉主要以矿物质色料为主要原料，所以色彩稳定性好，明亮饱和，经久不褪色。

色粉颜料是干且不透明的，较浅的颜色可以直接覆盖在较深的颜色上，而不必将深颜色去掉重画，但用力要轻，底层的重颜色就不会跑到表层上来。在深色上着浅色可产生一种直观的色彩对比效果，甚而纸张本身的颜色也可以同画面上的色彩融为一体。

色粉是一种干性材料，像其他素描工具一样，要选择略带纹理质地的纸张进行绘制。有纹理的纸可以使色粉笔覆盖其纹理凸处，凹陷处则会被色粉笔通过擦笔或手揉擦色粉来填满。纸张的纹理决定绘画的纹理，纸的颜色对色粉画也很重要。

布、纸制擦笔和手指都可以用做调和色粉笔颜色的工具。布主要用于调和总体色调，而总体色调中的具体变化则多用手指，因为用手指刻画形体时更为方便。用手指调和色彩时，力的轻重可以更好地掌握，还可以控制所调和的范围，不至于弄脏周围的颜色（图 3-88 ~ 图 3-90）。

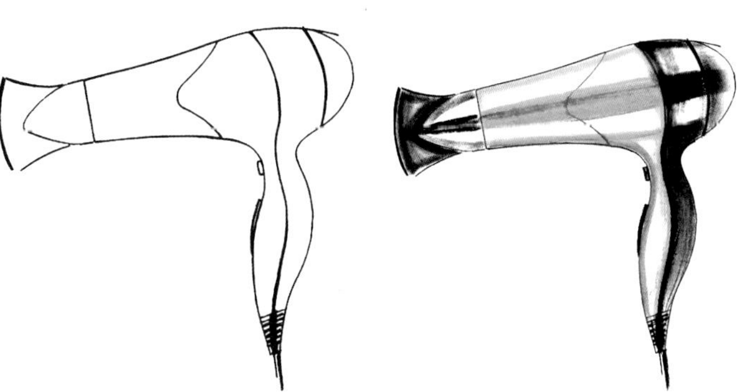

图 3-88　色粉手绘吹风机绘制步骤　任成元

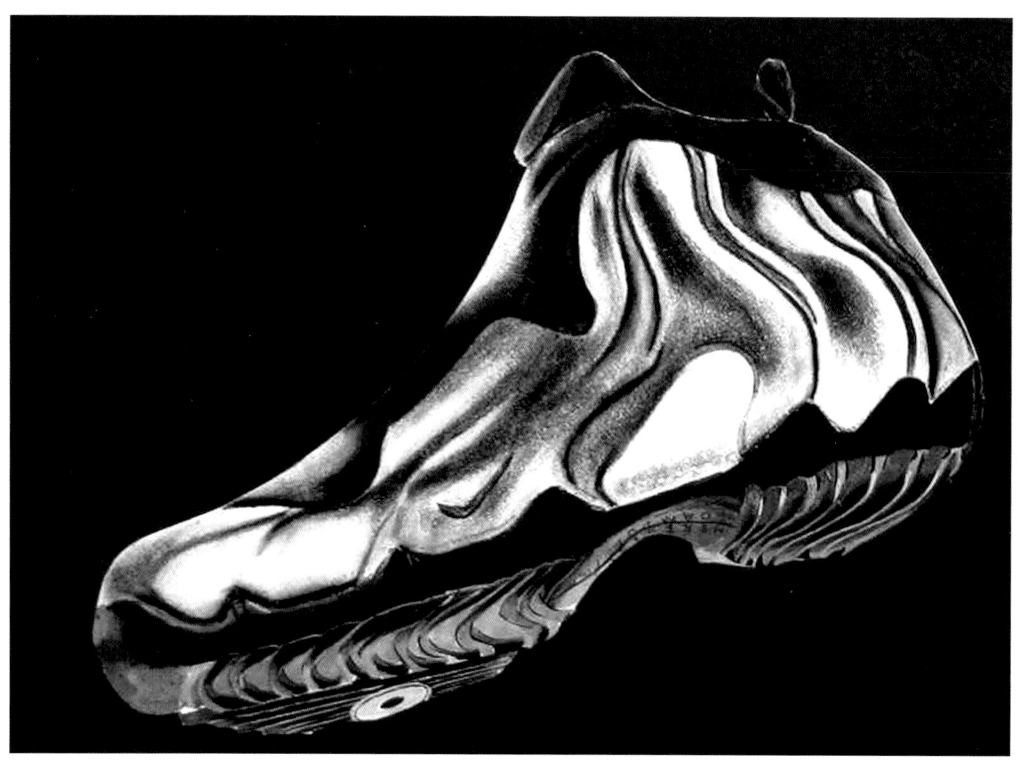

图 3-89　色粉手绘运动鞋设计效果图　孙莎

图 3-90　色粉手绘摩托车设计效果图　易兵

第七节　水粉手绘表现

用水粉画效果图的常用工具有水粉笔、水粉颜料、水粉纸等。水粉笔的性能介于水彩笔和油画笔之间。水粉笔的笔毛由狼毫和羊毛掺半制成，用起来柔中带刚，既有弹性，又有蓄水性。水粉纸比水彩纸薄，纸面略粗，有一定的蓄水性能，吸色稳定。在构图时尽量准确，因为水粉纸不易用橡皮擦拭，橡皮擦多了，会影响后期水粉颜色的纯度、画面的亮度。水粉颜料大多都含有粉质，厚画时具有覆盖性，薄画时则呈现半透明状，水粉画的优点是易于修改，缺点是颜色干湿时深浅变化较大。

水粉手绘效果图表现力强，色彩饱满浑厚，主要用白色来调整颜色的深浅变化，通过颜色的干、湿、厚、薄来产生画面丰富的层次效果，适合多种空间的表现。由于色彩的干湿效果变化较大，如果掌控不好，画面容易产生“灰”“脏”“生”的毛病。在用水粉绘制效果图时，底稿、线稿结构轮廓要准确，上色以薄画法为主。在最初的上色过程中，最好不加白色来调整明度的变化，而是用水的多少来调整，后期再用白色，否则难于控制。绘画时尽量不用黑色来降低色彩的明度，可以用深红、普蓝、深蓝、深褐、深绿等有色彩倾向的重颜色混合。水粉颜料对水量的控制及加色的技巧要求很高，这需要经验的积累。加水太多则太稀，不容易涂抹均匀；加水太少则干涩，笔触拉不开。处理暗部的色彩时最好一遍完成，反复涂抹会失去透明感。大面积暗部可用湿画法、薄画法，小面积暗部可用厚画法、干画法。图 3–91 ~图 3–93 为水粉手绘汽车表现效果。

图 3–91　水粉手绘越野车设计效果图　学生作品

图 3-92　水粉手绘跑车设计效果图　刘瑜伽

图 3-93　水粉手绘越野车设计效果表现图　学生作品

用水粉绘制小汽车的效果步骤如下：

步骤一：勾画汽车辅助线，将车的形态和轮廓大致概括出来（图 3-94）。

步骤二：用针管笔将汽车形态的细节画出来（图 3-95）。

步骤三：用宽水粉笔或板刷铺出背景色，勾勒汽车主体的明暗部分，并绘制高光与阴影，使汽车从背景中跳出（图 3-96）。

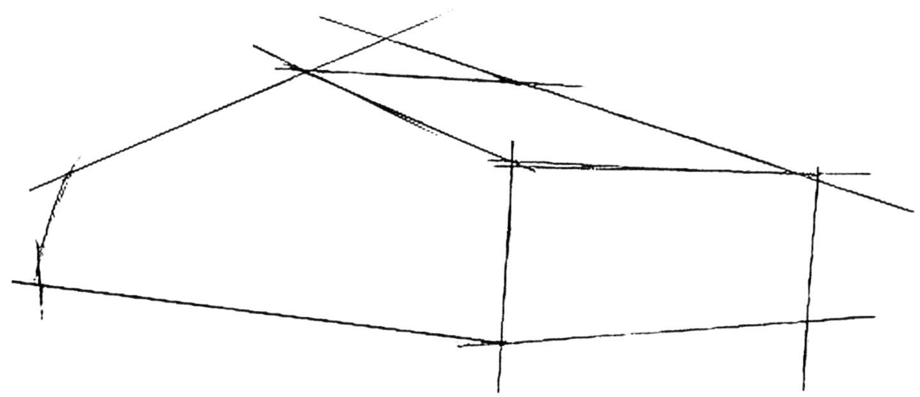

图 3-94　水粉手绘小汽车绘制步骤一　李泽昕

图 3-95　水粉手绘小汽车绘制步骤二　李泽昕

图 3-96　水粉手绘小汽车绘制步骤三　李泽昕

第八节　综合绘制效果图

在实际的手绘效果过程中，多数会综合多种技法与不同的工具进行表现（图 3–97 ~图 3–100）。

图 3–97　手绘鞋的效果图　王珺

图 3–98　手绘鞋子效果图　学生作品

图 3-99　手绘摩托车设计效果表现图　张星

图 3-100　手绘手表设计效果图　张越

思考与练习

1. 运用马克笔、色粉、水粉等绘制一幅小汽车效果图。
2. 运用综合技法绘制一幅产品效果图（题材不限）。

第四章

手绘效果图的设计方法

第一节　仿生设计

一、仿生设计的定义与特征

现代产品设计是工程技术与现代美学、材料学、计算机应用、社会心理学等相结合的一种应用性较强的综合性设计门类，它集合了观念、原理、功能、结构、构造、方式、技术、材料、造型、色彩、加工工艺等于一身的设计学科，广泛应用于轻工、交通、纺织、电子信息等行业，对于推进经济建设具有其不可替代的作用。产品设计是一种创造性活动，强调研究人—产品—环境三者的关系学，以人性化为设计重点，设计师通过运用设计方法创造出具有一定品质的产品，从而满足人们的生活需求。产品设计除了捕捉美感，更注重实用与使用的功能。所以设计活动与设计作品，通常比纯粹的艺术品更加与生活密切结合，这也是产品设计中的美学愈显重要的根由。

仿生设计主要是运用艺术设计与科学相结合的思维与方法，从人性化的角度，不仅在物质上，更是在精神上追求传统与现代、自然与人类、艺术与技术、主观与客观、个体与大众等多元化的设计融合与创新，体现辩证、唯物的共生美学观。仿生的内容可以抓住生物的外形、结构、材料等要素进行提取，运动到产品设计当中。

大自然是物质的世界，形状的天地。自然界无穷的信息传递给人类，启发人类的智慧，丰富人类的才能。仿生设计是设计师塑造产品形态的重要方法之一，体现出设计师对自然的尊重与理解，形成了“绿色、生态、系统化”的设计思想。

仿生设计取之于自然，用之于生活，是设计师塑造产品形态的重要方法之一，是设计师通过对大自然的模仿，让他人产生某种联想的设计手法，体现了对自然的理解与尊重。仿生设计的研究范围非常广泛，研究内容也丰富多彩。

从原始社会至今，从人类开始有设计起，自然界的人物、动物、植物、矿物、风景、天文、器物、文字等便成为设计的对象且被当作主要的造型。春秋时期的鲁班依靠齿形草的形态特征，设计发明了锯齿，成为中国最早的仿生设计师之一。在西方国家，达·芬奇仿效鸟翼的飞行，绘制并制作了一系列的飞行草稿和模型。到了工艺美术运动时期，拉·金斯在其设计准则中提出：师承自然，从大自然中汲取营养，而不是盲目地抄袭旧有的模式。20 世纪前后，新艺术运动兴起，设计师们追求自然造物的根源，通过观察生物生长的内在过程，将自然形态作为设计元素应用于当时的产品设计中。到了20世纪30年代，广泛应用于汽车、船艇等设计中的“流线型”，就源自于鱼、鸟、猎豹等可以快速流畅地移动的生物。

人们应该与大自然的一切生物和谐相处。以取之自然，用之自然作为仿生灵感，汲取自然生物在形态、结构、特质、功能等各种优异的进化特征，结合材料和产品的功能诉求进行研发与创新。

二、仿生设计的方法

产品外观设计中的“仿生”多为“拟物化”。“拟”即设计，具有直观性强的特征，它比模仿前进了一步，但还受到原有形态的约束；将生物抽象化，上升到意识层面，将此作为设计的触发点，然后进行再创造，这一系列思维活动就是仿生设计思维。设计师常用的仿生设计方法有定点法、联想法、超常法及模拟法等。

（一）定点法

定点法是指把要解决的问题强调突出出来，再结合相关生物特征进行有针对性的创新设计。

（二）联想法

联想法是仿生设计思维中较为受用的方法，具体可分为相似联想、对比联想等，指对仿生对象展开丰富的想象力，挖掘仿生元素，为己所用。

（三）超常法

超常法指运用超常性的思维方式进行创新设计。这种方式是我们仿生设计思维里用得较多的方法，它可以有效地开拓设计师的思路，形成高质量的设计作品。它一般分为逆向思维法和越位思维法。它强调在设计构思的时候，能人胆超越传统的思维模式，将自身的思维半径自由拓展，从而获得全新的构思。在越位思考时，要彻底突破现有的思维模式。

（四）模拟法

市场上常见的仿生设计，大部分运用了模拟法进行创新设计的。大自然是物质的世界，形状的天地，自然界无穷的信息传递给人类，启发了人类的智慧和才能。基于产品设计任务的要求，在自然界中寻求各类适合的生物造型，然后通过各种仿生技巧来进行综合和创新，形成新的设计方案。

三、仿生设计的分类

在产品外观设计中，通过运用仿生设计思维，可以帮助设计师拓展思路，加快产品概念的形成，丰富产品的创意，让设计师更加容易进行产品外观的再创造。

仿生形态从其再现事物的逼真程度和特征来看，可分为具象形态的仿生和抽象形态的仿生。

（一）具象形态的仿生

具象形态是透过眼睛构造以生理的自然反应，诚实地把外界之形映入视网膜刺激神经后感觉到存在的形态，它比较逼真地再现事物的形态。由于具象形态具有很好的情趣性、可爱性、有机性、亲和性、自然性，人们普遍乐于接受，在玩具、工艺品、日用品的应用中比较常见。但由于其形态的复杂性，很多工业产品不宜采用具象形态。

（二）抽象形态的仿生

抽象形态是用简单的形体反映事物独特的本质特征。此形态作用于人时，会产生“心理”形态，这种“心理”形态必须有生活经验的积累，经过联想和想象把“形”浮现在脑海中，那是一种虚幻的，不实的形，但是这个“形”经过个人主观的喜、怒、哀、乐联想会产生变化多端、色彩丰富的变化，这与生理上感觉到的“形”大异其趣。

归纳起来抽象的仿生形态具有以下特征。

1. 形态高度的简化性和概括性

形态高度的简化性和概括性，指的是形态本质的抽象表现。我们通过对生物形态或非生物形态的科学分析，结合生活经验，均可证明一切形态的本质都是一种内力的运动变化。这种内力运动变化是产生形态的根据。在研究形态时，设计师从知觉和心理角度有意无意地把形态的内力运动变化感受为生命活力，再通过形态抽象变化，用点、线、面的运动组合来表现生命活力。因此，形式上表现为简化性，而在传达本质特征上表现为高度的概括性、这种形式的简化性和特征的概括性，正好吻合了现代工业产品对外观形态的简洁性、几何性以及产品的语义性要求。因此，形态高度的简化性和概括性的仿生大量地应用于现代产品设计中。

2. 形态丰富的联想性和想象性

因为抽象仿生形态是经过联想和想象而浮现在脑海中的，因此，它充分释放了人的无限想象力。同时因人的生活经验不同，再经过个人主观喜好联想所产生的“造型”也不尽相同。

3. 同一具象形态的抽象形态的多样性

设计师在对同一具象形态进行抽象化的过程中，由于生活经验、抽象方式方法以及表现手法的不同，比如局部仿生、整体仿生等，所得的形态也会有很多种。

总之，具象仿生停留在模仿生物表层，思想性和艺术性的含量相对低一些；抽象仿生集中于提炼物体的内在本质属性，是一种特殊的心理加工活动，属于高层次思维创造活动，它侧重揭示物体的理念内涵。在现代仿生设计中，高、新、精、尖的产品，更适合用使用抽象仿生设计方法（图 4-1、图 4-2）。

人是大自然中的一员，与自然界中形形色色的动物或植物和谐共生。仿生设计学的主要研究内容就是研究人与自然的共生，师法自然，是研究生物体和自然界物质存在的外部形态以及其象征寓意、功能原理、内部结构等的科学。

最为通俗的“形态”定义在《辞源》里解释为“形状、形态”。从中我们看出，形态可归纳为“形状、形象、形体及其状态”。形态基础就是研究关于形象、形体、形状、状态及其变化的理论及方法。这些“形象”“形体”与“形状”

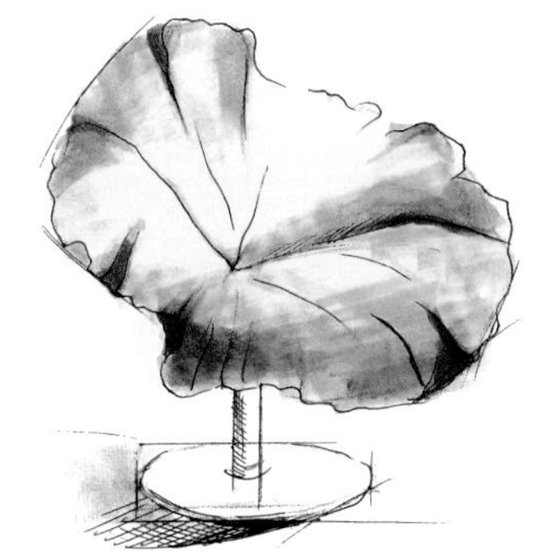

图 4-1　手绘仿生座椅设计　李智娟

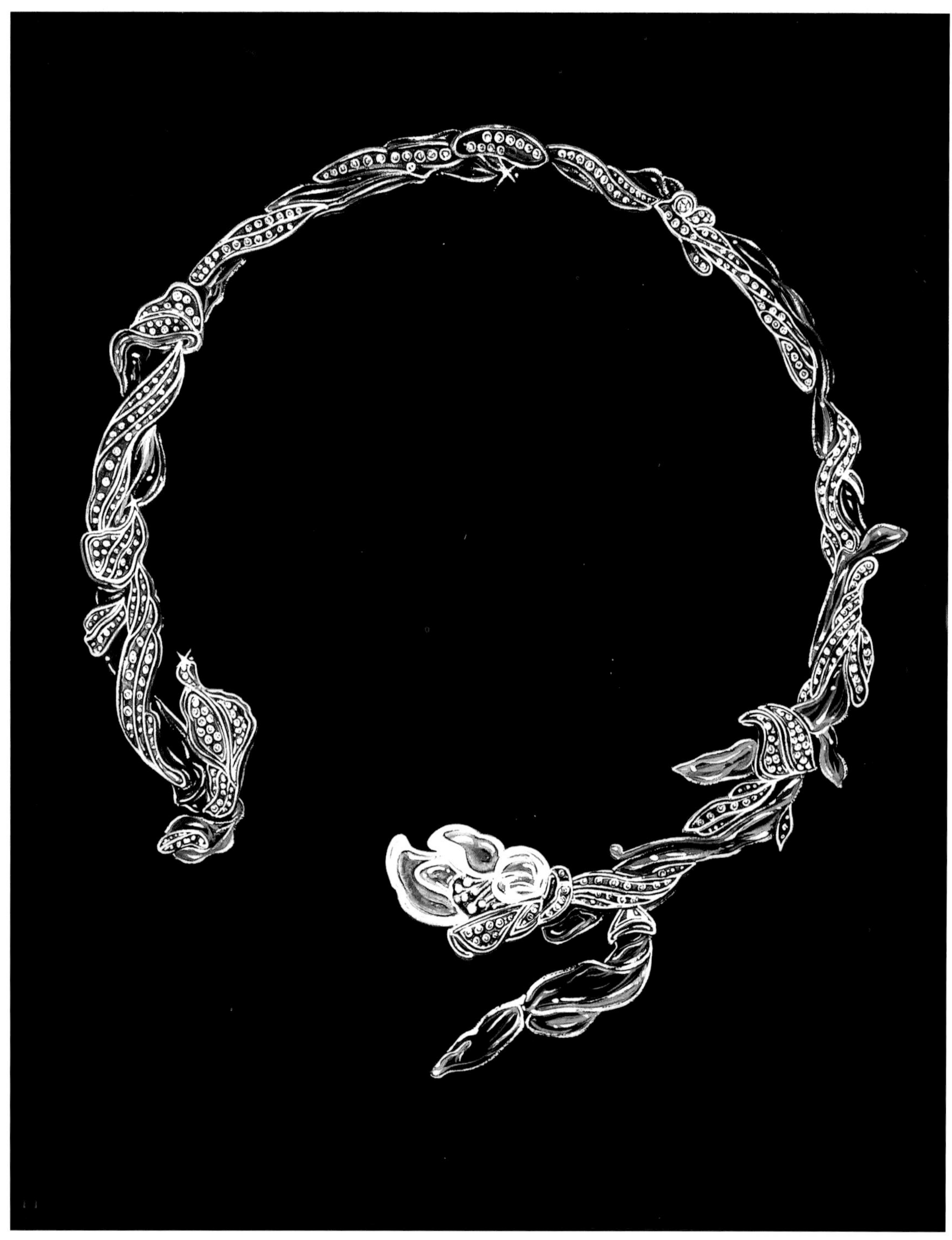

图 4-2　手绘仿生首饰设计　高宇佳

都是造型设计中的视觉传达载体，正如语言文字一样，它以形态语言的形式表达设计师的设计思想与设计理念。形态学从这个角度上来说，应是类似于一种语言体系，使用形象说话，使用形象组织语言，塑造形体，甚至于阐述故事。

我们运用仿生性思维进行设计，要抓住事务的本质，不仅要创造功能完备、结构精巧、用材合理、美妙绝伦的产品，而且要赋予产品以生命的象征，让设计回归自然，增进人类与自然的统一。因此，设计师要学会师法自然的仿生性设计思维，创造人、自然、产品和谐共生的对话平台。

图 4-3 ~ 图 4-5 是通过对须鲸的形象仿生，提炼设计元素，而将其运用到运动鞋设计当中的手绘仿生设计效果图。

图 4-6 是对蜘蛛的形象进行元素抽取而进行的音箱设计。

图 4-7 是对七星瓢虫的形象进行设计元素提炼，而进行的吸尘器设计。

图 4-8 ~ 图 4-12 是手绘仿生产品设计效果图例。

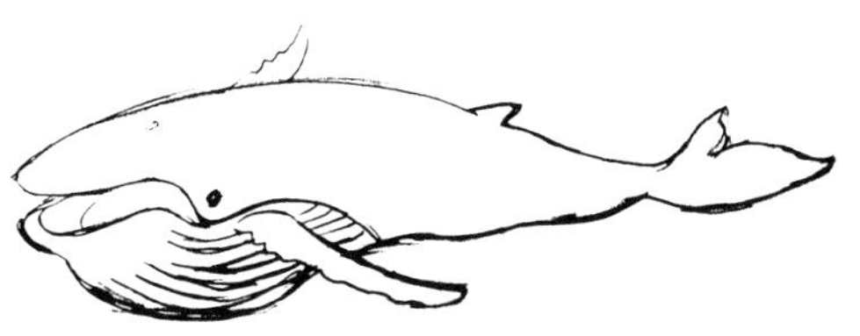

图 4-3　须鲸的形象　学生作品

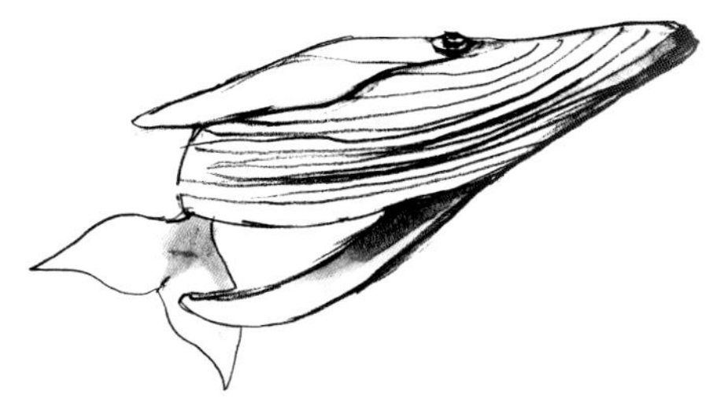

图 4-4　仿生变化　学生作品

图 4-5　手绘仿生须鲸鞋设计　学生作品

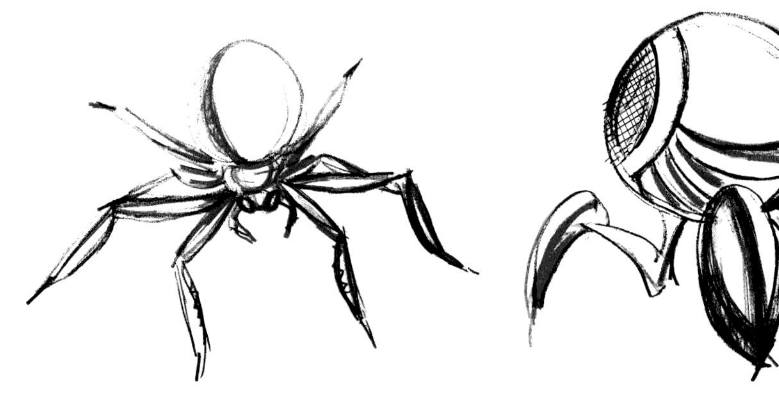

图 4-6　手绘仿生蜘蛛音响设计　学生作品

图 4-7　手绘仿生七星瓢虫吸尘器设计　学生作品

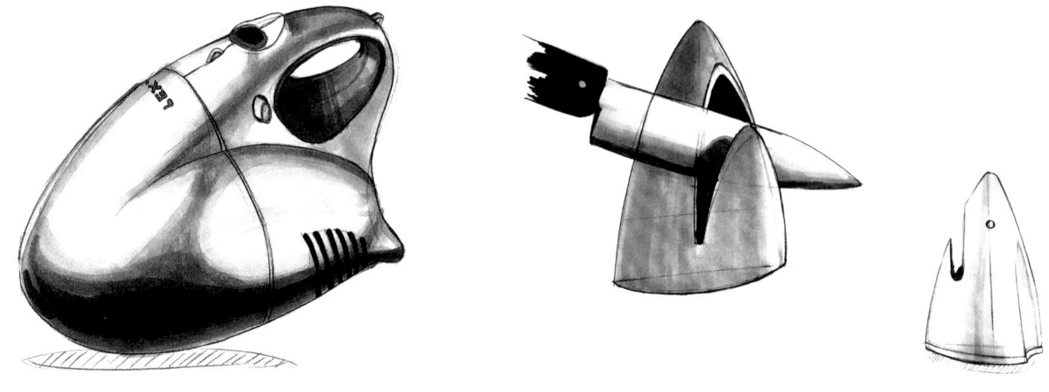

图 4-8　手绘仿生产品设计效果图　学生作品

图 4-9　手绘仿生产品设计效果图　学生作品

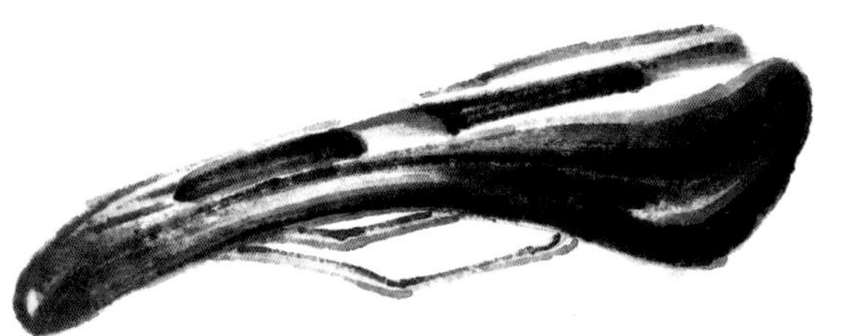

图 4-10　手绘仿生产品设计效果图　段雅婷

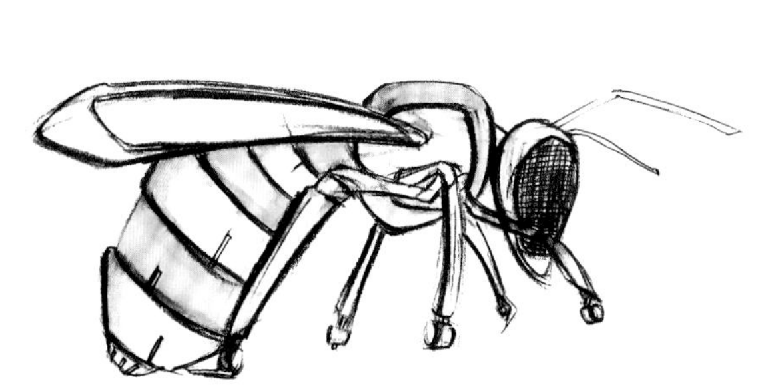

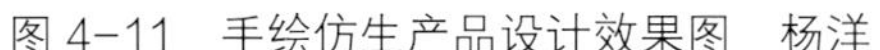

图 4-11　手绘仿生产品设计效果图　杨洋

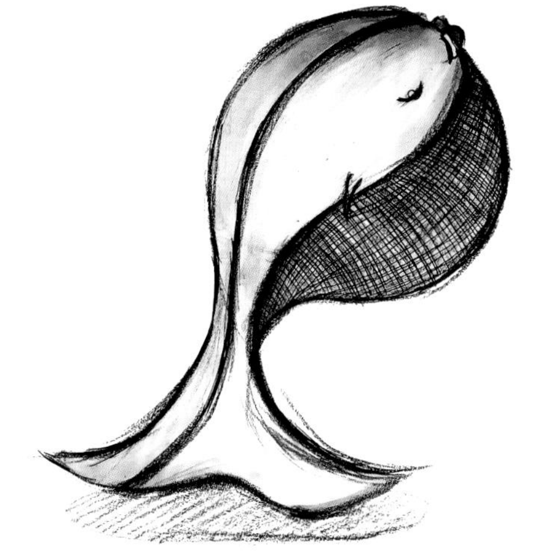

图 4-12　手绘仿生产品设计效果图　杨洋

第二节　模块化设计

一、模块化设计的定义及特点

模块化设计是指对一定范围内不同的功能或相同功能，不同性质、不同规格的产品进行功能分析的基础上，划分并设计出一系列功能模块，通过模块的选择和组合构成不同的产品设计方法。

模块化设计内容包括：产品流程、信息结构、交互方式与表现形式几大方面。

简单地说，模块化设计就是将产品的某些要素组合在一起，构成一个具有特定功能的子系统，将这个子系统作为通用性的模块与其他产品要素进行多种组合，构成新的系统，产生多种不同功能或相同功能、不同性能的系列产品。

模块化设计将设计分解成小的模块，然后对小模块进行独立设计，最后再将它们组合成更大的系统，就像小朋友玩的积木一样，由一些简单的零件组成小的模块，然后再组合成各种模型样式。在我们生活中到处都可以看到模块化设计的例子，例如，汽车、计算机、家具都是由一些零件组合成小部件，然后再由这些小部件组合成模块，再由模块组合成成品。这些部件可以更换、添加、移除而不影响整体设计。

由于模块本身相对独立，因此赋予产品较高的利用率，促使在进行应用过程中实现资源的循环运用，模块化产品体现了可持续发展的绿色设计理念。由于社会对模块化生产理念的认可，模块化设计取得了飞速发展，从理念转变为比较成熟的设计方法，目前模块化的设计方法在设计中得到了广泛的应用，是为设计出满足人们日益多样化和个性化需求以及更符合现代设计批量化、标准化、功能主义特点的设计方法之一。

二、模块化设计的意义及目的

（1）减少设计成本。

（2）通过模块间组合互换，可以满足差异化需求。

（3）保持良好体验延续性的同时，缩短设计周期，提高设计效率。

模块化产品设计的目的是以少变应多变，以尽可能少的投入生产尽可能多的产品，以最为经济的方法满足各种要求。由于模块具有不同的组合，具有可以配置生成多样化、产品以满足用户需求的特点，同时模块又具有标准的几何连接接口和一致的输入输出接口。因此，按照模块化模式配置出来的产品，能够使定制化生产和批量化生产这对矛盾得到解决（图4-13～图4-19）。

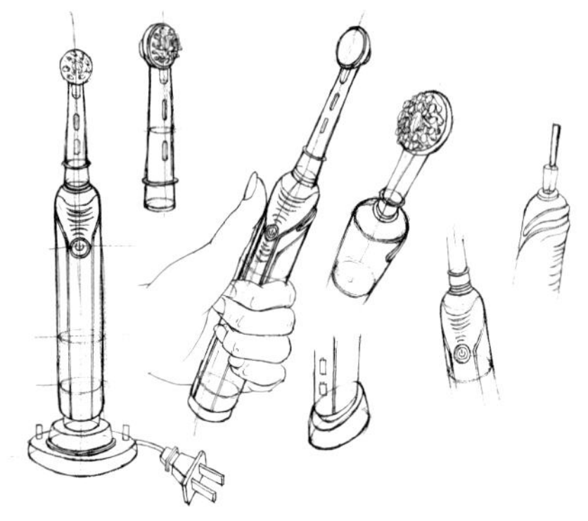

图 4-13　电动牙刷设计草图　学生作品

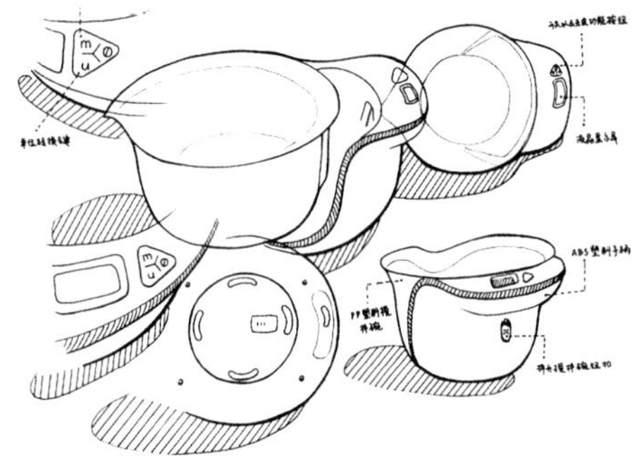

图 4-14　电饭煲设计草图　学生作品

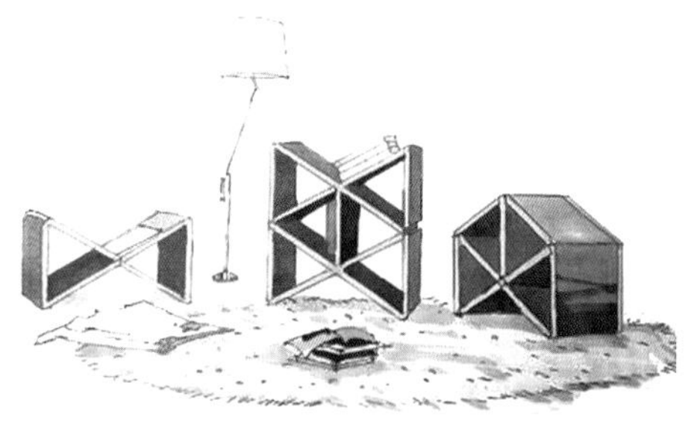

图 4-15　多功能电器设计草图　学生作品

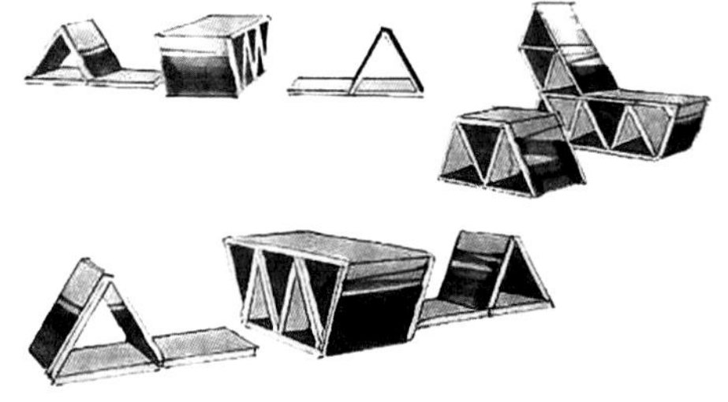

图 4-16　多功能书架设计草图　学生作品

图 4-17　主机箱设计草图　杨洋

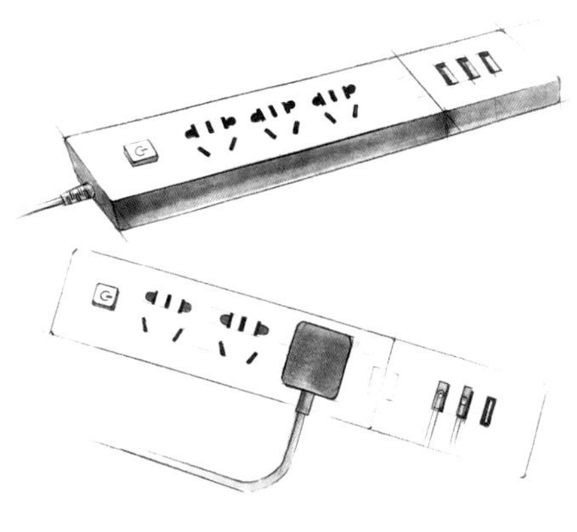

图 4-18　插座设计草图　段雅婷

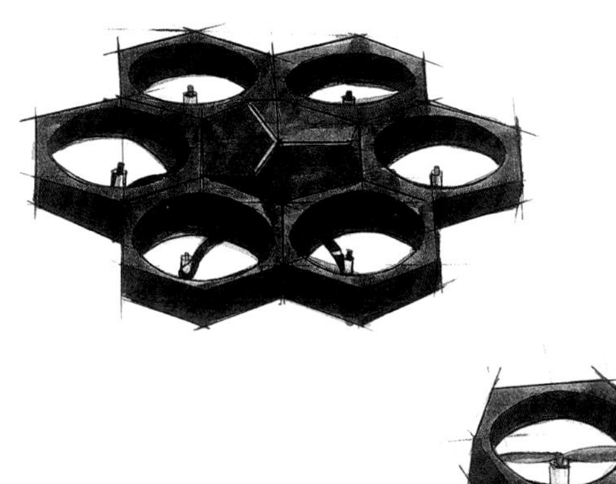

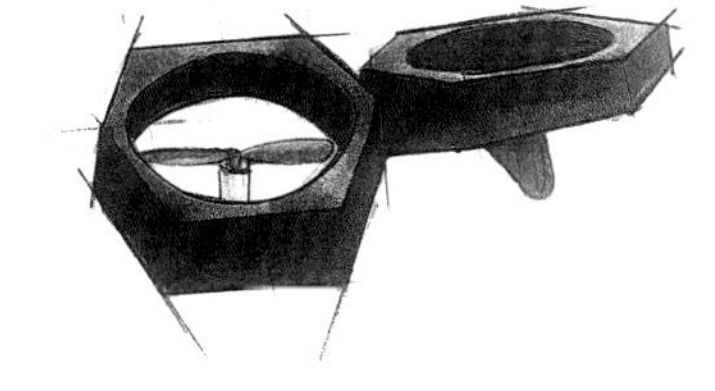

图 4-19　无人机设计草图　段雅婷

第三节　概念设计

概念设计是创新的灵魂，是最初的蓝图或框架设计，它给我们展示了产品的功能，功能的表现形式，以及用户的使用感。概念设计是产品开发过程中最具创造力的一个阶段，其表现方法主要是利用便利贴、水墨画、餐巾纸，或者蜡笔，天马行空进行展示，整个过程充满想象力，它要求我们集思广益并考虑各种可能性，越多越好。

一、产品概念设计的特性

（一）创新性

产品设计最突出的特点就是追求创新性，作为设计的核心要素，只有不断地进行创新才能得到性能优良、更富有竞争力的产品，从多种设计方案中选择一种最为合理的设计方案，吸收其他方案的优点，形成一种创新性设计方案。

（二）多样性

产品概念设计的多样性特点主要表现在设计结果的多样化，以及设计思路的多样化。根据柳冠中的设计事理学方法论，同一产品因其人、事、物、场的不同会形成不同的功能需求，因此在概念设计时会产生完全不同的设计思路，选择的设计方法同样存在明显差异。

（三）层次性

对产品概念设计主要反映在功能、载体结构方面，产品的功能定义和功能分解反映在功能层，结构修改和变异作用在结构层，将两种层面连接起来，从而形成产品的设计层次。无论是功能层还是结构层，自身具有一定的层次关系，层层递进，不同层次功能对应不同的层次结构。

二、概念设计需要考虑的因素

（一）功能因素

产品概念设计时需要充分考虑到产品的功能，只有功能得到创新才能吸引更多的消费者。功能是产品的实质性要求，消费者购买的并非是产品本身，而是产品所提供的功能。所以，在产品设计时要以产品功能因素为核心，进行优化设计，提供可行的功能设计方案。

（二）构成因素

产品概念设计需要考虑到产品构成要素，对这些构成要素进行分解和组合，取得最为优秀的产品，将其称为优化过程。设计师需对各种元素进行优化组合，结合实际产品设计需求，形成最为合理的设计方案。由此看来，对产品构成要素进行设计有助于实现产品的优化。

（三）形态因素

产品概念设计过程中需要运用多种学科理论，涉及层面较广，结合实际设计需求进行设计，总的说来，设计师在产品概念设计过程中需要协调不同形态因素之间的关系，合理配置形态因素，以实现产品形态最优。

（四）色彩因素

作为产品构成中不可或缺的组成部分，色彩因素的合理搭配往往能够带给人们更为强烈的视觉冲击，无形中影响着人们对于产品的客观评价。在产品概念设计时，充分考量色彩因素，结合实际设计需求进行配置，有助于借助色彩来刺激消费者内心的感知，感悟产品设计中的内涵，同设计师产生灵魂的共鸣，直观地感受到设计师想要通过产品来传递的思想和内容，为产品带来附加值，激发消费者的购买欲望，以赢得消费者的青睐，最终提升产品经济效益。

三、概念设计阶段

（一）概念设计的三个阶段

第一，概念产生阶段、选择阶段以及实现阶段，其中概念的产生阶段主要是指通过分析趋势、创新技术、经济条件等调研获得产品开发方向，形成模糊的产品设计方向，将所有设计思路梳理清楚，明确有待解决的问题，确定合适的设计方法。对于其中存在的问题有针对性地提出解决方案，在众多方案中选择最优的解决方案，即概念设计方案。

第二，概念选择阶段，确立评判标准，从众多概念中选择切实可行的方案，其主要选择方式有外部决策、多数表决以及辩论等，在实际应用中较为切实有效。

第三，概念实现阶段，将选择出来的概念设计方案制作出模型或者实际产品，实现概念设计。

（二）概念设计的关键点

1. 创造性思维

产品概念设计中的创造性思维是设计的灵魂，需要设计人员进行创造性思考，以获得创新。因此，设计人员应注重强化培养创造性思维能力，不断完善自身的专业设计能力及专业素养，将逻辑思维和形象思维巧妙结合在一起，以创造出更为新颖独特的产品。

2. 技术创新

产品概念设计中，技术创新具有至关重要的作用，其本质就是挖掘新鲜事物，提出更为新颖的设计理念，但是在多数情况下设计的产品无法满足人们日益增长的需求。技术创新是知识的积累和灵感的迸发，单一的技术创新并不具备实际应用价值，只有将创新技术实际应用在产品设计中，这种技术突破性创新才具有实际意义，才能提升产品经济效益。

3. 应用虚拟现实技术

虚拟现实技术应用在产品概念设计中，有助于概念设计更好地满足市场需求，趋于市场化发展。为了能够更好地满足市场需求，虚拟现实技术能够为产品概念设计带来更大优势，当一个虚拟的富有故事情境的产品展示在消费者面前时，能够带给消费者一种直观的互动感受，加强设计师同消费者之间的共鸣。此外，这样的产品设计能够大大降低市场风险，为企业决策人提供更好的发展依据，提升市场竞争力。

概念设计是由分析用户需求到生成概念产品的一系列有序的、可组织的、有目标的设计活动，它表现为一个由粗到精、由模糊到清晰、由抽象到具体的不断进化的过程。概念设计即是利用设计概念并以其为主线贯穿全部设计过程的设计方法。概念设计是完整而全面的设计过程，它通过设计概念将设计师繁复的感性和瞬间思维上升到统一的理性思维从而完成整个设计。

交通工具、桌椅家具、电脑手机、眼镜手表……这些因设计而产生的产品在我们生活中随处可见，甚至可以认为，设计造就了我们眼中看到的世界。反过来，在进行概念创作时，我们可以幻想构建一个新世界，一个看起来真实但又不一样的世界。在这个世界里，所创造的产品是什么功能、造型、材料……以此明确设计目标，实现产品设计定位。

（三）概念设计的创作方法

1. 从几何体中找变化

在几何形体的造型过程中，设计师需要根据产品的具体要求，对一些原始的几何形态做进一步的变化和改进，如对原形的切割、组合、变异、综合等造型手法，以获取新的立体几何形态，其基本方法包括分割、切削、聚集、合并、渐变、拉伸、挤压以及弯曲等。

2. 自然生物中找灵感

大自然是人类创新的源泉，人类最早的一些造物活动都是以自然界的生物体为蓝本的，通过对某种生物结构和形态的模仿，达到创新的物质形式的目的。

创作思维方法还可以采用一些修辞手法，比如夸张、拟人、借喻等，也可以采用反其道而行之的手法进行设计，脱离常态，例如，方形的手表、没有轮子的汽车、透明的电器等（图 4-20 ~ 图 4-27）。

图 4-20　手绘摩托车设计效果图　学生作品

图 4-21　手绘汽车设计效果图　学生作品

图 4-22　手绘汽车设计效果图　学生作品

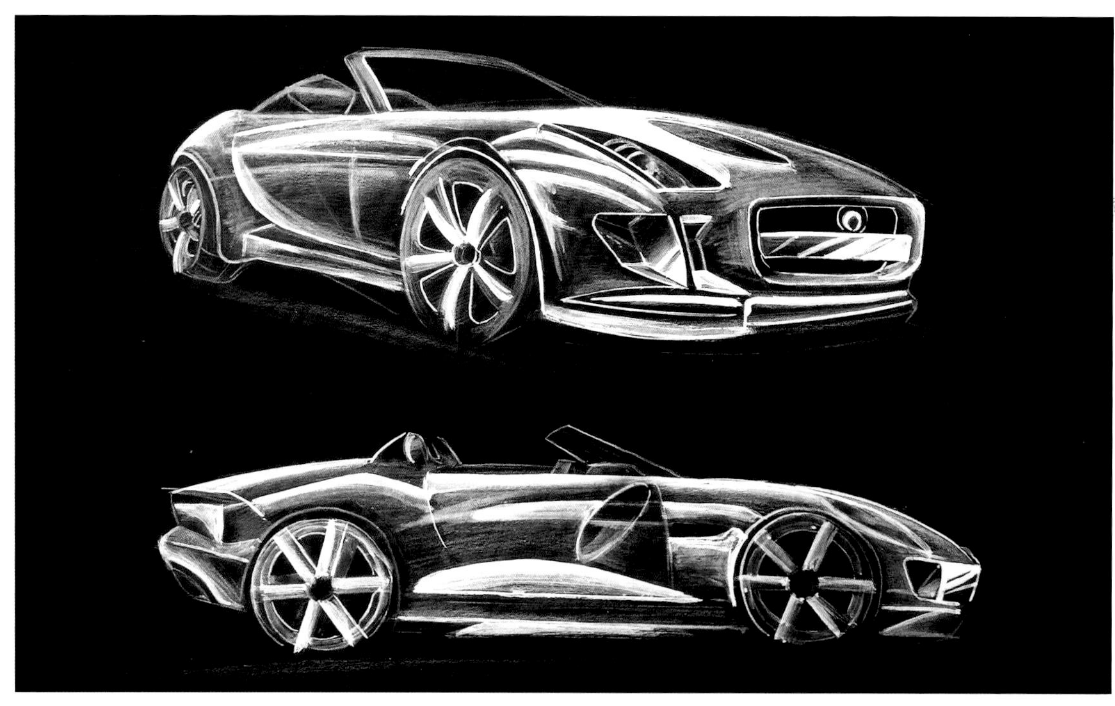

图 4-23　手绘汽车设计效果图　学生作品

图 4-24　手绘汽车设计效果图　学生作品

图 4-25　手绘汽车设计效果图　学生作品

图 4-26　手绘汽车设计效果图　学生作品

图 4-27　手绘汽车设计效果图　学生作品

思考与练习

1. 用马克笔绘制一幅创意模块化设计产品效果图。

2. 用马克笔绘制一幅概念设计产品效果图。

第五章

手绘效果图的创作实践

第一节　生活用品手绘实践

生活用品是指人类维持正常生活、从事生产实践和开展社会活动必不可少的一些器具。生活产品不仅是一种简单的功能物质产品，而且是一种广为普及的大众艺术，它既要满足某些特定的用途，又要满足供人们观赏，使人在接触和使用过程中产生某种审美快感和引发丰富联想的精神需求。

生活用品包括各种电器、服饰品、交通工具、厨房用品等，是与我们生活密切相关的产品（图 5-1～图 5-30）。

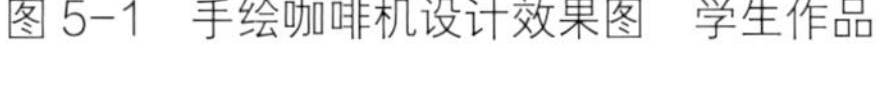

图 5-1　手绘咖啡机设计效果图　学生作品

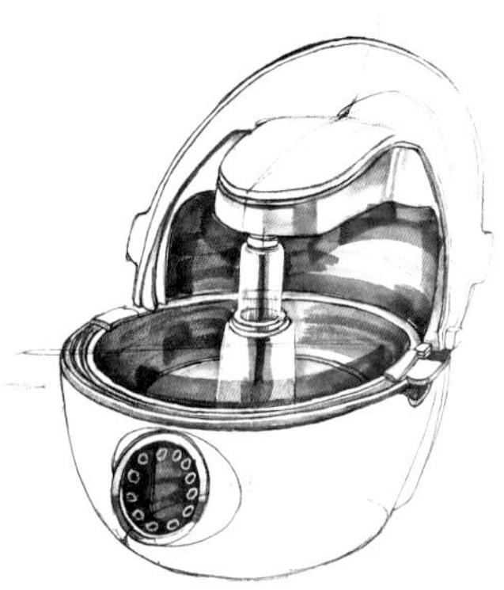

图 5-2　手绘煲汤锅设计效果图　学生作品

图 5-3　手绘吸尘器设计效果图　学生作品

图 5-4　手绘咖啡壶设计效果图　任成元

图 5-5　手绘咖啡机设计效果图　任成元

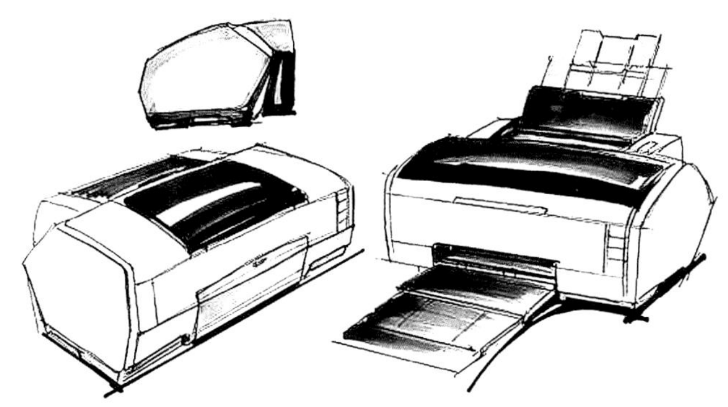

图 5-6　手绘打印机设计效果图　任成元

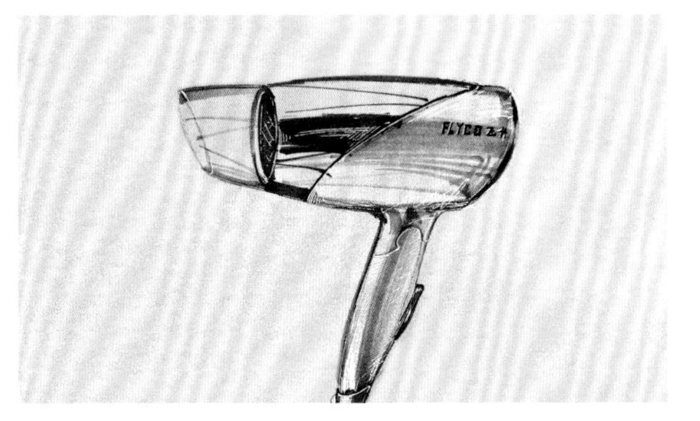

图 5-7　手绘吹风机设计效果图　学生作品

图 5-8　手绘吸尘器设计效果图　学生作品

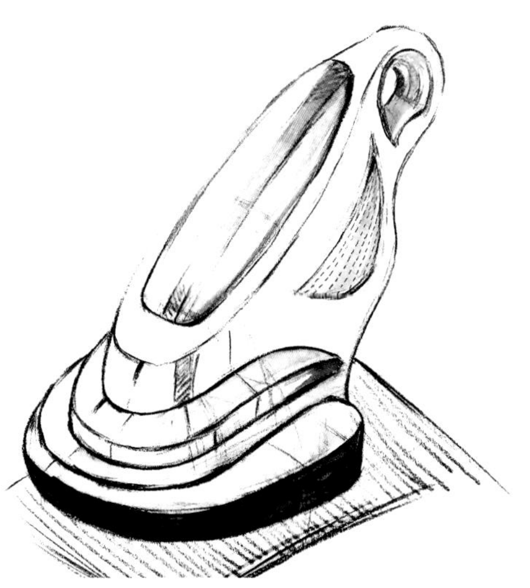

图 5-9　手绘除螨仪设计效果图　杨洋

图 5-10　手绘健身器材设计效果图　杨洋

图 5-11　手绘摩托车设计效果图　学生作品

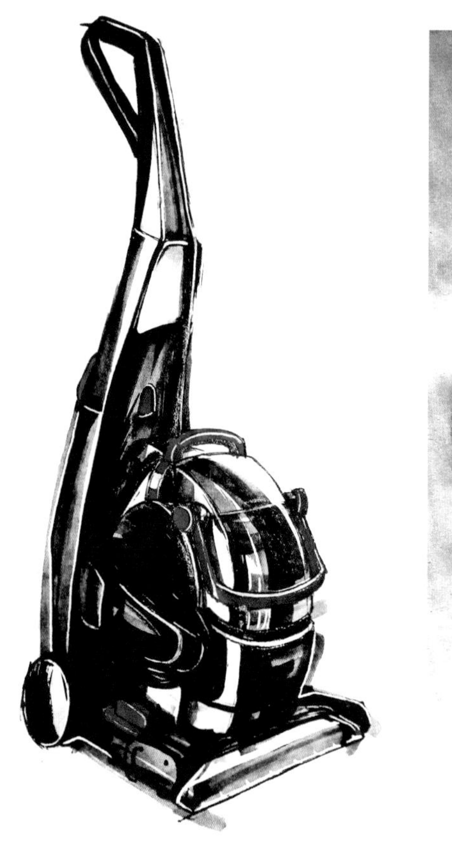

图 5-12　手绘吸尘器设计效果图　学生作品

图 5-13　手绘手表设计效果图　学生作品

图 5-14　手绘奔驰汽车设计效果图　学生作品

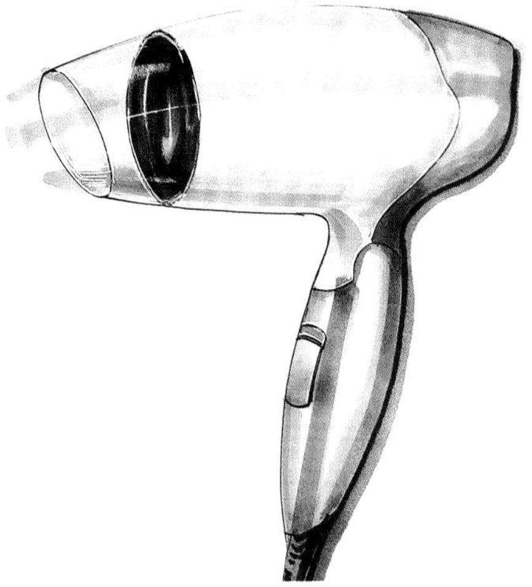

图 5-15　手绘吹风机设计效果图　学生作品

图 5-16　手绘摩托车设计效果图　学生作品

图 5-17　手绘摩托车设计效果图　学生作品

图 5-18　手绘汽车设计效果图　学生作品

图 5-19　手绘摩托车设计效果图　学生作品

图 5-20　手绘汽车设计效果图　学生作品

图 5-21　手绘机车头盔设计效果图　学生作品

图 5-22　手绘汽车设计效果图　学生作品

图 5-23　手绘榨汁机设计效果图　学生作品

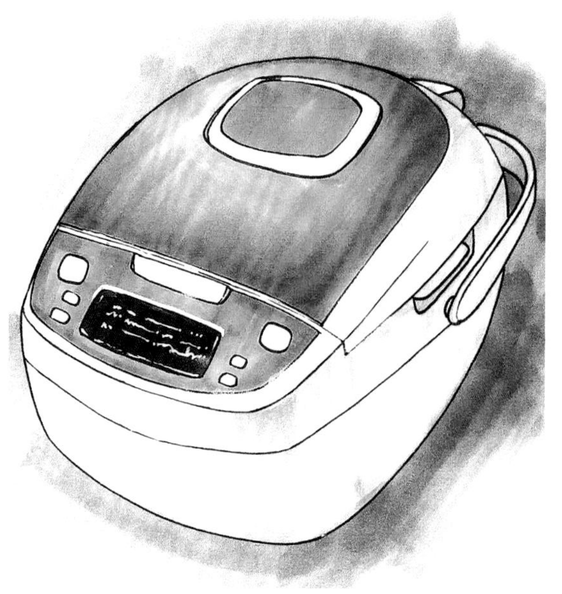

图 5-24　手绘电饭煲设计效果图　学生作品

图 5-25　手绘座椅设计效果图　学生作品

图 5-26　手绘压蒜器设计效果图　学生作品

图 5-27　手绘耐克鞋设计效果图　学生作品

图 5-28　手绘望远镜设计效果图　学生作品

图 5-29　手绘游戏机设计效果图　学生作品

图 5-30　手绘健身器材设计效果图　陈雨霞

第二节　工作产品手绘实践

良好的工作用品会提高工作效率，带动员工的工作积极性，从而和谐相互关系，促进经济发展，服务社会。不同的行业，工作用品截然不同，对产品的造型设计、颜色设计要求也不一样，但通常情况下，白色、米色、蓝色及黑色，这类简洁的色彩在工作用品上运用得较多，既给人以淡雅、高贵的视觉效果，又因为色调温和、稳重，体现出这类产品的安稳感。

工作用品包括各种工具、计算机、仪器、机器等（图 5-31 ~ 图 5-41）。

虽然，数字化技术给设计艺术带来很多帮助，给设计艺术领域带来的变革也不可否认，但是计算机无法替代我们的大脑，无法进行设计艺术中的创造性思维，计算机只能成为我们进行艺术设计的辅助工具。设计中的手绘效果图，仍然是设计构思的重要手段，它通过眼的不断观察和脑的不断思考，使设计构思和创造思维逐步形象化，这样才能为设计师带来更多的新构思和新创意。

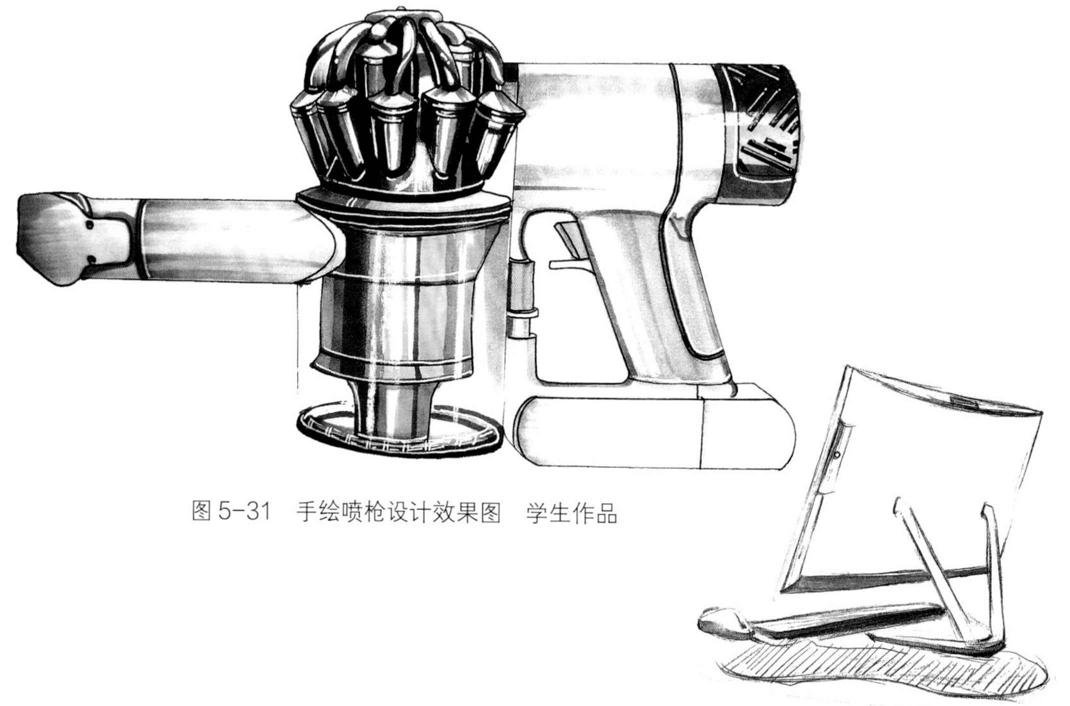

图 5-31　手绘喷枪设计效果图　学生作品

图 5-32　手绘计算机设计效果图　杨洋

图 5-33　手绘转椅设计效果图　段雅婷

图 5-34　手绘手电筒设计效果图　任成元

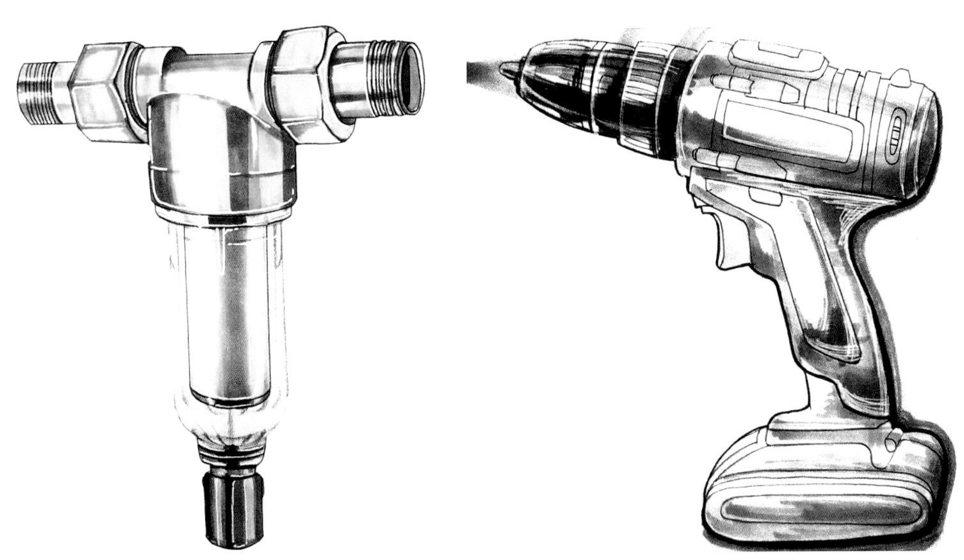

图 5-35　手绘电钻设计效果图　学生作品

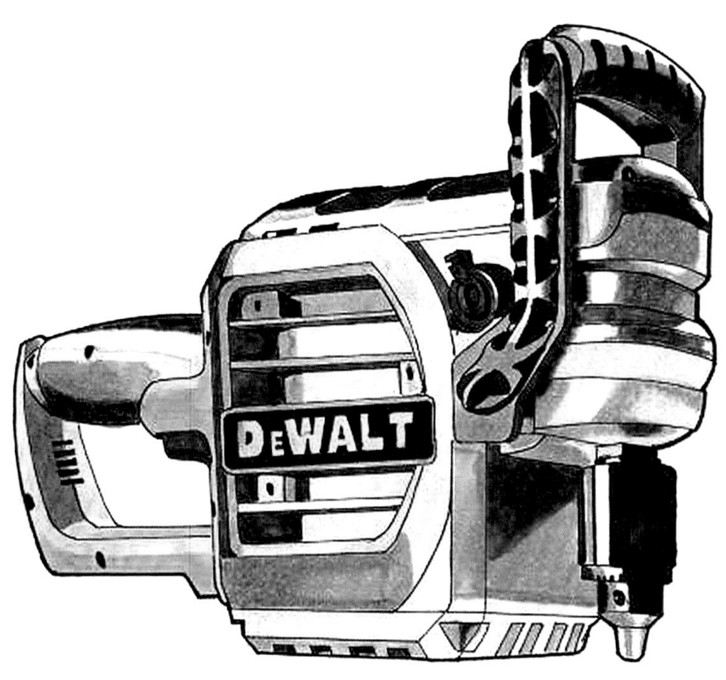

图 5-36　手绘工业电机设计效果图　学生作品

图 5-37　手绘挖掘机设计效果图　学生作品

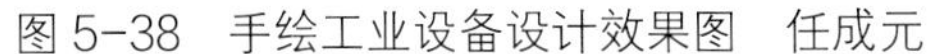

图 5-38　手绘工业设备设计效果图　任成元

图 5-39　手绘头盔设计效果图　学生作品

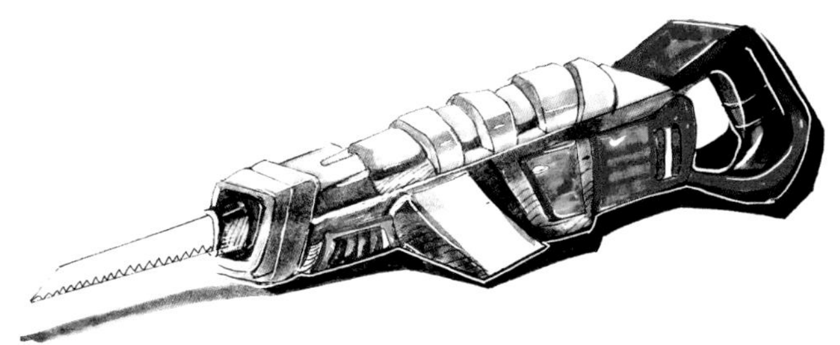

图 5-40　手绘电锯设计效果图　学生作品

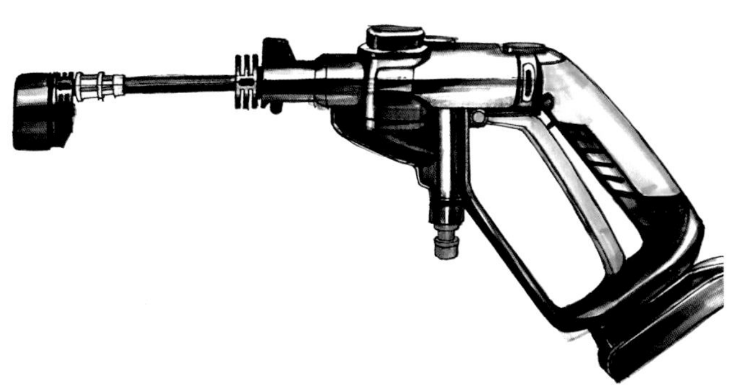

图 5-41　于绘喷枪设计效果图　学生作品

思考与练习

1. 运用马克笔绘制一幅生活用品设计效果图。

2. 运用马克笔绘制一幅工作产品设计效果图。

参考文献

[1] 唐纳德·A. 诺曼 . 设计心理学 [M]. 北京：中信出版集团，2016.

[2] 刘杰，段丽莎 . 产品设计基础 [M]. 北京：高等教育出版社，2007.

[3] 任成元 . 师法自然的产品创意设计研究 [M]. 河北大学学报：哲学社会科学版，2012.

[4] Ren Chengyuan，Cai Chen.Sustainability of green product design teaching and research[J]. ASSHM，2014 .

[5] 艾森·斯特尔 . 产品设计手绘技法 [M]. 陈苏宁，译 . 北京：中国青年出版社，2009.

[6] 任成元 . "徽州" 文创产品设计的鲜活性对策研究 [J]. 包装工程，2010（7）.

[7] 陈路石，陈利亚 . 手绘效果图快速表现 [M]. 北京：清华大学出版社，2015.

[8] 任成元，郑建楠 . "农家乐" 题材旅游文化纪念品设计研究 [J]. 装饰，2013.

[9] 阿恩海姆 . 艺术与视知觉 [M]. 成都：四川人民出版社，2001.

[10] Ren Chengyuan，Du Jinling.Creative Innovation Design Teaching Research and Practice[J]. ERMM，2016.

[11] Ren Chengyuan.The importance of computer hand painting to the product design ideation[J]. CAID&CD，2009.

[12] 任成元 . 中国传统风筝的现代创意设计表现研究 [J]. 包装工程，2010（8）.

[13] 任成元 . 中国传统古诗词与现代产品造型设计的共通性应用探析 [J]. 包装工程，2019（5）.

[14] 逯海勇 . 设计表达 [M]. 北京：中国建材工业出版社，2008.

[15] 原研哉 . 设计中的设计 [M]. 南宁：广西师范大学出版社，2010.